普通高等教育"十三五"规划教材

电路与电子基础实验教程

钱培怡　任　斌　编著

刘琳琳　仇宝玉　尹薇薇　李　悦　陈　洁　参编

U0340172

中国石化出版社

内 容 提 要

《电路与电子基础实验教程》对以往所用教材的结构体系和内容进行了调整、完善与扩充，并针对计算机、软件工程和通信工程等专业特点特别引入了高频电子线路实验，有助于相关专业知识的互补，增强了教材的适应性。全书共分6章，主要内容有：实验仪器操作基础、电路基础实验、电子线路基础实验、高频电子线路实验、数字电子技术实验和基本元器件的使用方法。

本书可作为高等院校电类专业以及其他非电类理工科专业的学生实验用书，也可供电工电子技术人员学习参考。

图书在版编目（CIP）数据

电路与电子基础实验教程／钱培怡，任斌编著.
—北京：中国石化出版社，2017.5
ISBN 978 - 7 - 5114 - 4475 - 2

Ⅰ.①电⋯　Ⅱ.①钱⋯②任⋯　Ⅲ.①电子电路-实验-高等学校-教材　Ⅳ.①TN710 - 33

中国版本图书馆 CIP 数据核字（2017）第 116371 号

中国石化出版社出版发行

地址：北京市朝阳区吉市口路 9 号
邮编：100020　电话：(010)59964500
发行部电话：(010)59964526
http://www.sinopec-press.com
E-mail：press@ sinopec.com
北京科信印刷有限公司印刷
全国各地新华书店经销

*

787×1092 毫米 16 开本 15 印张 450 千字
2017 年 6 月第 1 版　2017 年 6 月第 1 次印刷
定价：42.00 元

前　　言

　　编写本书是以原国家教委相关课程指导委员会的课程基本要求为依据，结合辽宁石油化工大学的实验教学大纲课程设置情况，以满足基本教学需要和有较宽适应面为出发点，充分考虑了电类专业人才的培养模式及培养目标。

　　本书对以往所用教材的结构体系和内容进行了调整、完善与扩充，与新版理论教材的内容和图形符号保持一致，同时注意自身的教学特点，将电路、电子线路、数字电子技术等多门专业基础课程的实验教学内容整合，并针对计算机、软件工程、通信工程等专业特点特别引入了高频电子线路实验。这样有助于相关专业知识的互补，增强了教材的适应性。

　　该书内容设计突出了编写思路的创新性、针对性和实用性，本着"先简单针对性任务，后复杂综合性任务"这一原则进行全文结构的设计。教材内容反映了我校的办学特色，加强工程应用能力培养，拓展学生在广泛领域中从事电子产品与工程技术的研究、设计、生产和管理工作的能力。该书内容覆盖面广，结合不同专业内容有可选性。并与教改紧密结合，内容及设计环节符合培养学生动手能力、工程实践能力和创新能力的教改目标。

　　参加本书编写工作的单位是辽宁石油化工大学信息与控制工程学院和计算机与通信工程学院。其中第一章由钱培怡、任斌、仉宝玉编写；第二章和第三章由任斌、李悦编写；第四章由钱培怡、刘琳琳编写；第五章和第六章由钱培怡、尹薇薇、陈洁编写。由于电子技术的迅猛发展和电子产品的快速更新，以及新材料新器件不断出现，加上作者水平有限，本书错误、疏漏在所难免，恳请读者批评指正。

目　　录

第一章　实验仪器操作基础 ……………………………………………………（ 1 ）

第一节　FG708S 函数信号发生器 …………………………………………（ 1 ）

第二节　TDS1002 数字存储示波器 ………………………………………（ 5 ）

第三节　高频电子线路实验箱 ……………………………………………（ 11 ）

第四节　BT3C 频率特性测试仪 …………………………………………（ 16 ）

第五节　GVT – 417B 交流毫伏表 ………………………………………（ 22 ）

第六节　GOS – 620 双轨迹示波器 ………………………………………（ 25 ）

第七节　V – 252T 双踪通用示波器 ………………………………………（ 31 ）

第八节　电工技术实验装置 ………………………………………………（ 36 ）

第九节　THD – 4 型数字电路实验箱 ……………………………………（ 42 ）

第十节　THM – 1 型模拟电路实验箱 ……………………………………（ 44 ）

第二章　**电路基础实验** ……………………………………………………（ 47 ）

实验一　电路元件伏安特性的测绘 ………………………………………（ 47 ）

实验二　基尔霍夫定律和叠加原理的验证 ………………………………（ 50 ）

实验三　戴维南定理及功率传输最大条件 ………………………………（ 53 ）

实验四　电压源与电流源的等效变换 ……………………………………（ 56 ）

实验五　受控源特性的研究 ………………………………………………（ 59 ）

实验六　简单 RC 电路的过渡过程 ………………………………………（ 63 ）

实验七　典型信号的观察与测量 …………………………………………（ 66 ）

实验八　交流电路的研究及参数的测定 …………………………………（ 68 ）

实验九　日光灯及交流电路功率因数提高 ………………………………（ 71 ）

实验十　RLC 串联谐振电路 ………………………………………………（ 74 ）

实验十一　RC 选频网络特性测试 ………………………………………（ 77 ）

实验十二　三相电路的研究 ………………………………………………（ 80 ）

实验十三　三相电路相序及功率的测量 ……………………………………（83）

实验十四　互感电路 …………………………………………………………（85）

实验十五　双口网络实验 ……………………………………………………（89）

实验十六　负阻抗变换器 ……………………………………………………（91）

第三章　电子线路基础实验 …………………………………………（95）

实验一　常用电子仪器的使用 ………………………………………………（95）

实验二　晶体管共射极单管放大器（一） …………………………………（97）

实验三　晶体管共射极单管放大器（二） …………………………………（100）

实验四　差动放大器 …………………………………………………………（104）

实验五　负反馈放大器 ………………………………………………………（108）

实验六　集成运算放大器的基本运算电路 …………………………………（111）

实验七　有源滤波器 …………………………………………………………（116）

实验八　电压比较器 …………………………………………………………（121）

实验九　波形发生器 …………………………………………………………（124）

实验十　压控振荡器 …………………………………………………………（128）

实验十一　OTL 功率放大器 ………………………………………………（131）

第四章　高频电子线路实验 …………………………………………（135）

实验一　高频小信号调谐放大器 ……………………………………………（135）

实验二　高频谐振功率放大器 ………………………………………………（138）

实验三　石英晶体振荡器 ……………………………………………………（140）

实验四　环形混频器 …………………………………………………………（143）

实验五　乘法器混频 …………………………………………………………（146）

实验六　集电极调幅 …………………………………………………………（148）

实验七　乘法器调幅 …………………………………………………………（151）

实验八　锁相环倍频 …………………………………………………………（153）

实验九　锁相环鉴频 …………………………………………………………（156）

实验十　调频收发系统 ………………………………………………………（157）

实验十一　调频语音通话 ……………………………………………………（159）

实验十二　调幅语音通话 ……………………………………………………（160）

第五章　数字电子技术实验 …………………………………………（162）

实验一　基本逻辑门逻辑功能测试及应用 …………………………………（162）

实验二　组合逻辑电路设计 …………………………………………………（167）

实验三　全加器、译码器及数码显示电路 ………………………………………（171）

实验四　数据选择器及应用 …………………………………………………………（177）

实验五　触发器及其应用 ……………………………………………………………（182）

实验六　集成移位寄存器及应用 ……………………………………………………（188）

实验七　计数器及其应用 ……………………………………………………………（191）

实验八　综合实验—模拟霓虹灯和电机运转规律控制电路 ………………………（195）

实验九　555 定时电路及其应用 ……………………………………………………（200）

实验十　D/A、A/D 转换器 …………………………………………………………（205）

第六章　基本元器件的使用方法 ……………………………………………………（212）

第一节　常用电子元器件的识别与简单测试 ………………………………………（212）

第二节　常用集成芯片的识别与引脚排列 …………………………………………（224）

第三节　国内外部分电路图形符号对照表 …………………………………………（231）

参考文献 ………………………………………………………………………………（234）

第一章　实验仪器操作基础

第一节　FG708S 函数信号发生器

一、主要特点

（1）数位合成多功能产生器。

（2）正弦波、方波、三角波、脉冲波、直流和同步输出。

（3）超低噪音和失真（即使在 1mV 以下）。

（4）PSK 和 FSK 模组。

（5）线性或对数扫描函数的数位。

（6）触发和关机函数。

二、面板介绍

如图 1-1 所示，FG708S 函数信号发生器面板各标识的含义如下：

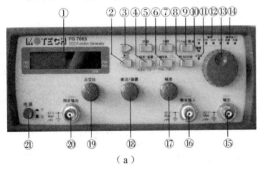
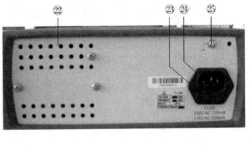

（a）　　　　　　　　　　　　　　　（b）

图 1-1　FG708S 函数信号发生器面板

①液晶显示。

②右键：转换到前一选择。在频率编辑时，若不用游标，则频率增为 10 倍；若使用游标，则游标向左。

③左键：转换到下一选择。在频率编辑时，若不用游标，则频率增为 10 倍；若使用游标，则游标向右。

④振幅/直流位移量/脉冲宽度显示键：选择显示方波的振幅、直流位移量和脉冲

宽度。

⑤函数键：选择正弦波、方波、三角波或直流的输出。

⑥触发/闸极和 PSK/FSK 键：选择触发/闸极选单，以选择和设定触发/闸极功能。

⑦扫描键：输入扫描选单，以选择和设定线性或对数频率扫描。

⑧辅助函数键：使用辅助函数选单以选择和设定同步输出、方波的脉宽和直流位移量函数。

⑨频率步进/衰减键：使用衰减选单以改变输出衰减；使用频率步进选单以选择和设定步进函数。

⑩输出直流位移量开关显示。

⑪方波脉冲宽度调整开关显示（占空比调整）。

⑫输出振幅范围显示。

⑬转盘按钮：顺时针方向转换到下一选择，逆时针方向转换到上一选择；在频率编辑时，顺时针方向转动以增加设定频率，逆时针方向转动以减少设定频率；游标显示于频率编辑时，按转钮以消除游标；在转钮触发/闸极函数中，按转钮以手动产生触发/闸极信号。

⑭触发/闸极或 PSK/FSK 的外部/内部显示。

⑮功能输出 BNC 连接器（50Ω 输出阻抗）。

⑯触发/闸极或 PSK/FSK 的外部输入 BNC 连接器（CMOS 准位）。

⑰振幅调整钮：调整输出函数振幅。

⑱直流/位移量调整钮：函数输出设定在直流时，调整直流量；输出位移量开启时，调整位移量。

⑲方波脉冲宽度调整钮：调整方波的脉冲宽度。

⑳同步输出连接器（TTL 准位 50Ω 输出阻抗）。

㉑电源开关。

㉒通风孔。

㉓保险丝座。

㉔电源输入口。

㉕仪器接地。

三、操作方法

1. 打开信号源

（1）同时按"▭"和"▭"键执行信号源复位功能，复位功能将使信号源以默认设置输出：1kHz 正弦波，20dB 衰减。

（2）如需关闭按键的蜂鸣器功能，则需同时按"[AMP/OFS]"和"[TRG_GAT]"键。

注意：请供给信号源额定的电源，如果把 230V 电压送给默认为 115V 电压的信号源，信号源会发生损坏，保险丝将会破裂，此时请用对应规格的保险丝予以更换。115V 信号源：0.5A/250V；230V 信号源：250mA/250V。

2. 设置组名（SW1，SW2，SW3……）

组名设置是表明正确的参数设置，例如：SW1 设置扫频模式是线性或对数；SW2 设置扫频类型；SW3 设置扫频起始频率等等。

3. 频率调节

（1）当光标未出现在 LCD 上时，调节"▭"和"▭"键进行频率 * 10，/10 操作。

（2）调节"◉"钮使光标出现并旋转以改变频率，用"▭"或"▭"键改变光标左移或右移的位置。取消光标请往下按"◉"旋钮。

4. 波形选择

请按"Func"键来选择波形的输出。有四种波形能够被选择（正弦波、方波、三角波和直流）。

5. 扫频

（1）按"Sweep"键进入扫频选择菜单，用"▭"，"▭"或"◉"键来选择"线性"或"对数"扫频模式。

（2）当"线性"或"对数"扫频模式被选择后，请按"Sweep"键选择"扫频类型"、"扫频起始频率"、"扫频停止频率"和"扫频步进频率或比率"，用"▭"、"▭"或"◉"来选择期望的"扫频类型"或"频率"。

实际的对数扫频比率计算式：实际比率 $= \dfrac{F_{n+1}}{F_n} = 1 + \dfrac{比率}{1000}$；

例如：如果比率设置是 5，而 F_n 为 1kHz，则实际比率为：实际比率 $= 1 + \dfrac{5}{1000} = 1.005$；

故 F_{n+1}，F_{n+2} 和 F_{n+3} 为：

$F_{n+1} = $ 实际比率 $\times F_n = 1.005 \times 1000\mathrm{Hz} = 1005\mathrm{Hz}$；

$F_{n+2} = $ 实际比率 $\times F_{n+1} = 1.005 \times 1005\mathrm{Hz} = 1010.025\mathrm{Hz}$；

$F_{n+3} = $ 实际比率 $\times F_{n+2} = 1.005 \times 1010.025\mathrm{Hz} = 1015.075125\mathrm{Hz}$；

注意：对数扫频比率设置最大值为 10.0，最小值为 0.0001。

（3）完成"线性"或"对数"扫频设置后，按"▭"、"▭"或"◉"旋钮来选择输出波形为正弦波、方波或三角波。

6. 输出衰减

按"Fstep/Attn"键一旦进入衰减选择菜单，用"▭"、"▭"键或"◉"选择输出衰减为 0dB，20dB，40dB 和 60dB；对应的幅度指标将显示正确的衰减设置。

7. 频率变化间隔设置

（1）按"Fstep/Attn"键两次进入频率变化间隔设置菜单：用"▭"、"▭"键或"◉"旋钮来选择默认或手动调节频率变化间隔大小。

（2）当频率变化间隔设置为手动调节时，再按"Fstep/Attn"键进入调节频率变化间隔菜单，用"▭"、"▭"键或"◉"旋钮调整设置。

注意：一旦频率变化间隔设置为手动时，输出频率将由"▭"、"▭"键或"◯"旋钮来控制；

8. 幅度、偏置和占空比显示器

（1）按"▭"键显示幅度、偏置和占空比。

（2）调节幅度、偏置或占空比，转动对应的按键。

"◯" "◯" 或 "◯"

注：在附加功能中占空比调节功能被打开，占空比大小才能予以显示。

（3）如果占空比在下列值的下面或上面，则占空比将显示 Below 或 Over，如表 1－1 所示。

表 1－1　显示值

频率范围 显示值	0.1Hz～5.99999MHz	6.00000MHz～8.00000MHz
Below	<18%	<34%
Over	>81%	>75%

9. 触发器/门

（1）按"▭"键进入触发器/门选择菜单。

（2）用"▭"、"▭"键或"◯"旋钮来选择外部触发，按单键飞梭执行内键 Trigger、外部门和按单键飞梭执行内键 Gate，对应的内键或外联指示器将变亮。

10. PSK 和 FSK

（1）按"▭"键两次进入 PSK/FSK 调制选择菜单。

（2）用"▭"、"▭"或"◯"来选择 PSK1kHz、PSK400Hz、PSK 外联、FSK1kHz、FSK400Hz 和 FSK 外联，对应的内键或外联指示器将变亮。

（3）如果 FSK 在打开状态，按"▭"键进入 FSK 频率记录 1 和频率记录 0 设置菜单，用"▭"、"▭"或"◯"来设置期望的 FSK 频率。

注意：FSK 频率记录 1 的设置范围是从 12.0Hz 到 8.00000MHz；FSK 频率记录 0 的设置范围是从 0.100Hz 到 8.00000MHz。

（4）如果 PSK 在打开状态，按"▭"键进入 PSK 相位设置菜单，用"▭"、"▭"或"◯"设置期望的 PSK 相位。

11. 附加功能

按"▭"键选择"同步输出开/关"，"占空比调节开/关"，"输出偏置开/关"，用"▭"、"▭"或"◯"选择期望的"开/关"设置。

注：只有在输出选择是方波的情况下，附加功能内占空比调节功能才可以选择 on/off。如果占空比调节功能打开，则占空比指示灯将变亮；如果输出偏置打开，则偏置指示灯将变亮。

12. 操作注意事项

1）波形测量

FG708S 的输出阻抗是 50Ω，因此示波器输入阻抗也必须以 50Ω 相匹配，用特性阻抗为 50Ω 的同轴电缆连接 FG708S 的输出端和示波器的输入端；

注意：①要得到最好的测量效果，应使用尽量短的电缆和尽量小的偏移电容量。

②由于信号源的频宽较宽，因此传送和接受路径必须以 50Ω 匹配阻抗，以避免反射而得到较差的测量结果。

2）输出电压

FG708S 的输出阻抗是 50Ω，如果负载远比 50Ω 大，这样测试的结果相当于是信号源开路的情况；近似地，如果负载是 50Ω，信号源的电压将下降至开路电压的一半。

3）小信号输出

对于小信号输出，以增加衰减而获得，例如：$-20dD$，对信号源可以调出期望的电平，以这种方法可以得到最好的信噪比。

4）大信号输出

通常信号源在开路状态下输出 $20V_{P-P}$，输出电流限定在 $100mA$ 以下，对于大电压和大电流输出，一般都应用在外部功率放大。

第二节　TDS1002 数字存储示波器

一、技术指标

（1）显示：黑白 LCD。

（2）单次带宽：60MHz。

（3）实时采样率：1.0GS/s。

（4）时基范围：5ns 到 50s/DIV。

（5）脉冲宽度触发：从 33ns 到 10s 可选。

（6）单次捕获按键：标准配置。

（7）触发信号读出：触发源触发频率读出。

（8）自动测量：11 种波形参数测量。

（9）FFT 运算功能：显示频域谱线，快速谐波分析及其他频域测量。

（10）通道数：2。

（11）模拟带宽：60MHz；

（12）记录长度：所有通道 2.5K 点。

（13）外触发：标准配置。

（14）时基精度：50ppm。

（15）视频触发功能：触发于视频信号特定的行。

（16）自动设置菜单：11 种。

（17）探头检查指南：标准配置。

（18）接口：通过选件具备 RS－232 串口，GPIB 仪器控制接口，打印并行接口分析处理能力；通过软件功能可实现示波器和计算机 Excel、Word 文档的无缝连接，可将波形数据传输到计算机进行分析，将屏幕波形存储为文件，具备将示波器信号下载到数字信号源的功能。

二、操作基础

前面板被分成几个易操作的功能区，如图 1－2 所示。

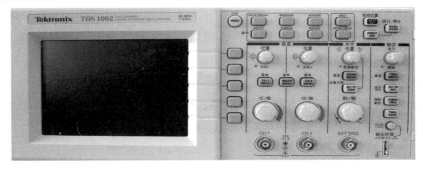

图 1－2　TDS1002 数字存储示波器前面板

1. 显示区域

如图 1－3 所示，除显示波形外，显示屏上还含有很多关于波形和示波器控制设置的详细信息。

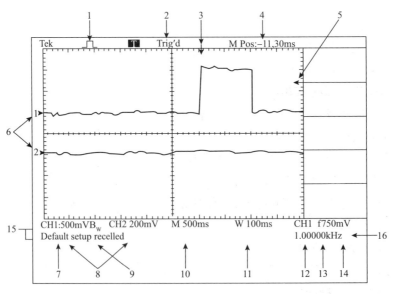

图 1－3　显示区域

（1）显示图标表示采集模式。

取样模式； 峰值检测模式； 均值模式。

（2）触发状态显示如下：

已配备。示波器正在采集欲触发数据。在此状态下忽略所有触发。

准备就绪。示波器已采集所有欲触发数据并准备接受触发。

已触发。示波器已发现一个触发并正在采集触发后的数据。

停止。示波器已停止采集波形数据。

采集完成。示波器已完成一个"单次序列"采集。

自动。示波器处于自动模式并在无触发状态下采集波形。

扫描。在扫描模式下示波器连续采集并显示波形。

（3）使用标记显示水平触发位置。旋转"水平位置"旋钮调整标记位置。

（4）用读数显示中心刻度线的时间。触发时间为零。

（5）使用标记显示"边沿"脉冲宽度触发电平，或选定的视频线或场。

（6）使用屏幕标记表明显示波形的接地参考点。如没有标记，不会显示通道。

（7）箭头图标表示波形是反相的。

（8）以读数显示通道的垂直刻度系数。

（9）B_W 图标表示通道是带宽限制的。

（10）已读数显示主时基设置。

（11）如使用窗口时基，已读数显示窗口时基设置。

（12）已读数显示触发使用的触发源。

（13）显示区域中将暂时显示"帮助向导"信息。

采用图标显示以下选定的触发类型：

上升沿的"边沿"触发。

下降沿的"边沿"触发。

行同步的"视频"触发。

场同步的"视频"触发。

"脉冲宽度"触发，正极性。

"脉冲宽度"触发，负极性。

（14）用读数表示"边沿"脉冲宽度触发电平。

（15）显示区显示有用信息，有些信息仅显示 3s。如果调出某个存储的波形，读数就显示基准波形的信息。

（16）以读数显示触发频率。

2. 信息区域

示波器在显示屏的底部显示"信息区域"，以提供以下类型的信息：

（1）访问另一菜单的方法，例如按下"触发菜单"按钮时，要使用"触发释抑"，请进入"水平"菜单。

（2）建议可能要进行的下一步操作，例如按下"默认设置"按钮时，按下某个选项按钮以更改其测量。

（3）有关示波器所执行操作的信息，例如按下"默认设置"按钮时，调用默认设置。

（4）波形的有关信息，例如按下"自动设置"按钮时，在通道 1 上检测到矩形波或脉冲波。

3. 使用菜单系统

按下面板按钮，示波器将在显示屏的右侧显示相应的菜单。该菜单显示直接按下显示屏右侧未标记的选项按钮时可用的选项。

如图 1-4 所示，示波器使用下列四种方法显示菜单选项：

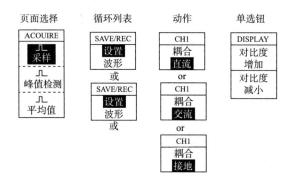

图 1-4　显示区域

（1）页面（子菜单）选项：对于某些菜单，可使用顶端的选项按钮来选择两个或三个子菜单。每次按下顶端菜单按钮时，选项都会随之改变。例如，按下"保存/调出"菜单内的顶端按钮，示波器将在"设置"和"波形"子菜单间进行切换。

（2）循环列表：每次按下选项按钮时，示波器都会将参数设定为不同的值。例如，可按下"CH1 菜单"按钮，然后按下顶端的选项按钮在"垂直（通道）耦合"选项间切换。

（3）动作：示波器显示按下"动作选项"按钮时，立即发生的动作类型。例如，按下"显示菜单"按钮，然后按下"对比度增加"选项按钮，示波器会立即改变对比度。

（4）单选钮：示波器为每一选项使用不同的按钮。当前选择的选项被加亮显示。例如，当按下"采集菜单"按钮时，示波器会显示不同的采集模式选项。要选择某个选项，可按下相应的按钮。

4. 垂直控制

垂直控制面板如图 1-5 所示。CH1、CH2 光标 1 和光标 2 位置：可垂直定位波形。显示和使用光标时，LED 变亮以指示移动光标时，按钮的可选功能。

CH1 和 CH2 菜单：显示垂直菜单选择项并打开或关闭对通道波形显示。伏/格（CH1和 CH2）：选择标定的刻度系数。

数学计算菜单：显示波形的数学运算并可用于打开和关闭数学波形。

5. 水平控制

水平控制面板如图 1-6 所示。位置：调整所有通道和数学波形的水平位置。这一控制的分辨率随时基设置的不同而改变。要对水平位置进行大幅调整，可将秒/格旋钮旋转到较大数值。当显示帮助主题时，可使用此旋钮滚动选择链接或索引条目。

水平菜单：显示"水平菜单"。

设置为零：将水平设置为零。

秒/格：为主时基或窗口时基选择水平的时间/格（刻度系数）。如"窗口区"被激活，通过更改窗口时基可以改变窗口宽度。

6. 触发控制

触发控制面板如图 1-7 所示。"电平"和"用户选择"：使用"边沿"触发时，"电平"选钮的基本功能是设置电平幅度，信号必须高于它才能进行采集。还可以使用此旋钮执行"用户选择"的其他功能。此选钮下的 LED 发亮以指示相应功能，如表 1-2 所示。

图 1-5　垂直控制面板　　　图 1-6　水平控制面板　　　图 1-7　触发控制面板

表 1-2　选项说明

用户选择	说　明
释抑	设置可以接受另一触发事件之前的时间量
视频线数	当"触发类型"选项设置为"视频"，"同步"选项设置为"线数"时，将示波器设置为某一指定线数
脉冲宽度	当"触发类型"选择设置为"脉冲"，并选择了"设置脉冲宽度"选项时，设置脉冲宽度

触发菜单：显示"触发菜单"。

设置为50%：触发电平设置为触发信号峰值的垂直中点。

强制触发：不管触发信号是否适当，都完成采集。如采集已停止，则该按钮不产生影响。

触发视图：当按下"触发视图"按钮时，显示触发波形而不显示通道波形。可用此按钮查看诸如触发耦合之类的触发设置对触发信号的影响。

7. 菜单和控制按钮

菜单和控制按钮面板如图1-8所示。

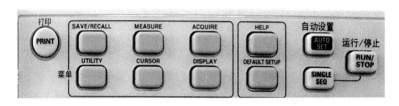

图1-8 菜单和控制按钮面板

保存/调出：显示设置和波形的"保存/调出菜单"。

测量：显示自动测量菜单。

采集：显示"采集菜单"。

显示：显示"显示菜单"。

光标：显示"光标菜单"。当显示"光标菜单"并且光标被激活时，"垂直位置"控制方式可以调整光标的位置。离开"光标菜单"后，光标保持显示（除非"类型"选项设置为"关闭"），但不可调整。

辅助功能：显示"辅助功能菜单"。

帮助：显示"帮助菜单"。

默认设置：调出厂家设置。

自动设置：自动设置示波器控制状态，以产生适用于输出信号的显示图形。

单次序列：采集单个波形，然后停止。

运行/停止：连续采集波形或停止采集。

打印：开始打印操作。要求有适用于 Centronics、RS-232 或 GPIB 端口的扩充模块。

8. 连接器

连接器面板如图1-9所示。

图1-9 连接器面板

探头元件：电压探头补偿输出及接地。用于使探头与示波器电路互相匹配。探头补偿接地与 BNC 屏蔽层接到地并被当作接地端。

CH1 和 CH2：用于显示波形的输入连接器。

外部触发：外部触发源的输入连接器。使用"触发菜单"选择"外部"或"外部/5"触发源。

第三节　高频电子线路实验箱

一、概述

高频电子线路实验箱采用"积木式"结构，将实验所需的直流电源、频率计、低频信号源、高频信号源和调幅调频语音通话单元设计成一个公共平台。实验模块以插板的形式插在实验箱主板上。所有模块与公共平台之间采用 2 号迭插头对或射频连接线进行连接。其中，红色迭插头对用于连接主板直流电源和模块直流电源，黑色迭插头对用于连接主板 GND 和模块 GND，实验中信号输入输出使用射频连接线连接，黄色迭插头对作为其他情况时的连接线。高频电子实验箱如图 1-10 所示。

图 1-10　高频电子实验箱

二、主机介绍

主机提供实验所需的直流电源，包括四路直流电源：+12V、+5V、-12V、-5V，共直流地。直流电源下方是频率计、低频信号源、高频信号源和调幅调频语音通话单元。其中，频率计、低频信号源以及高频信号源不作为实验内容，属于实验工具。直流电源和频率计面板如图 1-11 所示。各单元使用方法介绍如下：

1. 频率计

实验箱提供的频率计是基于实验箱实验的需要而设计的。它适用于频率低于 20MHz，幅度 $V_{P-P} = 100mV \sim 5V$ 的信号。

使用方法：首先按下开关 K201。测试信号从 TP201 或 TP202 输入，数码管 LED1 ～ LED8 显示所测信号的频率。其中，前六个数码管显示有效数字，第八个数码管显示 10 的幂，单位为 Hz（如显示 10.7000—6，则频率为 10.7MHz）。第七个数码管显示"—"，用于间隔前六个数码管和第八个数码管。

频率计精度为：若信号为 MHz 级，显示精度为百赫兹。若信号为 kHz 和 Hz 级则显示精度为赫兹。

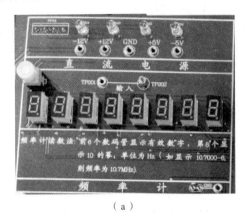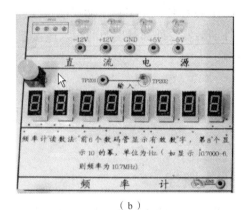

（a）　　　　　　　　　　　　　　（b）

图 1-11　直流电源和频率计面板

2. 低频信号源

低频信号源面板如图 1-12 所示。实验箱提供的低频信号源是基于实验箱实验的需要而设计的，可输出三角波、方波、正弦波，频率范围 100Hz ~ 2MHz，分六个频段连续可调。输出信号峰峰值最大为 6V。

K301 为低频信号源的电源开关，TP301、TP302 和 TP303 为信号输出接口。接口下方有两个军品插座，在对信号要求较高时，在这两个插座上插容值合适的独石电容来处理输出正弦波的尖顶失真。对于本实验箱的实验要求不需要对输出信号做处理。

K302 用于选择输出波形。K302 拨到最上端输出正弦波，拨到中间输出方波，拨到最下端输出三角波。

K303、K304、K305、K306、K307、K308 用于选择输出信号的频段。向右拨为选中该频段，向左拨为关闭该频段。各开关对应的频段范围如表 1-3 所示。

表 1-3　各开关对应频段范围

K303	100 ~ 600Hz	K304	600Hz ~ 5kHz
K305	5 ~ 15kHz	K306	15 ~ 100kHz
K307	100 ~ 500kHz	K308	500kHz ~ 2MHz

频率调节和幅度调节电位器用于调节输出信号的频率和幅度。顺时针调节，调节量增大。

使用方法：首先按下开关 K301，选择波形和频段，在 TP301 或 TP302 或 TP303 处取输出波形。例如需输出 3kHz 正弦波（峰－峰值 1V），则按下开关 K301，K302 拨到最上端，K304 向右拨，K303、K305、K306、K307、K308 向左拨。用示波器在 TP301 处观察，调节频率调节电位器使输出信号的频率为 3kHz，调节幅度调节电位器使输出信号的峰峰值为 1V。

（a）

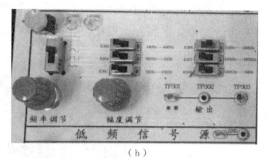
（b）

图1-12 低频信号源面板

3. 高频信号源

高频信号源面板如图1-13所示。实验箱提供的高频信号源是基于实验箱实验的需要而设计的。它只输出正弦波，频率范围2～20MHz，分两个频段连续可调。输出信号峰峰值最大为3V。

图1-13 高频信号源面板

K401为高频信号源的电源开关，TP401、TP402和TP403为输出信号接口。K402、K403为频段选择开关，向右拨为选中该频段，向左拨为关闭该频段。幅度调节和频率调节电位器用于调节输出信号的幅度和频率。顺时针调节，调节量增大。

K404为10.7MHz信号的锁定开关。不需要锁定10.7MHz信号时切记不要按下此开关，否则其他频率信号受干扰。在本实验箱的实验内容中只有环形混频器实验、乘法器混频实验和集成芯片MC3361鉴频实验需要锁定频率的10.7MHz信号。

使用方法：首先按下开关K401，然后选择频段，在TP401或TP402或TP403处取输出信号。如需输出2MHz的正弦波（峰－峰值2V），则按下开关K401（此时不要按下开关K404），K402向右拨，K403向左拨。用示波器在TP401处观察，调节频率调节电位器使输出信号的频率为2MHz，调节幅度调节电位器使输出信号的峰峰值为2V。

若需输出锁定频率的10.7MHz正弦波，则按下开关K401和K404，K402向左拨，K403向右拨。用示波器在TP401处观察，调节频率调节电位器使输出信号频率为10.7MHz，调节幅度调节电位器使输出信号幅度满足要求且失真最小。

4. 调幅调频语音通话

调幅调频语音通话模块如图1-14所示。实验箱提供的调幅调频语音通话单元是基于本实验箱实验的需要而设计的。它和集电极调幅与大信号检波模块一起使用可以实现调幅语音通话实验。它和发射模块、接收模块一起使用可以实现调频语音通话实验。

图 1-14 调幅调频语音通话模块

开关 K501、K502 为该单元的电源开关，使用时都需按下。语音信号经过话筒转换为微弱的电信号，经过该单元的处理后从 TP502 输出，将 TP502 处的信号引入到集电极调幅与大信号检波模块或发射模块作为调制信号。集电极调幅与大信号检波模块或接收模块解调出的调制信号再引入到调幅调频语音通话单元的 TP501，经过该单元的处理来驱动耳机。这样就完成了通话实验。音量调节电位器用于调节音量，失真调节电位器用于调节语音失真。

三、模块介绍

高频电子线路实验箱共设置了 18 个实验，分别是：高频小信号调谐放大器实验、高频谐振功率放大器实验、LC 电容反馈三点式振荡器实验、石英晶体振荡器实验、环形混频器实验、乘法器混频实验、集电极调幅实验、乘法器调幅实验、二极管包络检波实验、乘法器同步检波实验、变容二极管调频实验、锁相鉴频实验、乘法器鉴频实验、集成芯片 MC3361 鉴频实验、锁相环倍频实验、调频收发系统实验、调频语音通话实验、调幅语音通话实验。其中前 15 个实验是为配合教学课程而设计的，主要帮助学生加深理解课堂所学内容。后 3 个实验是系统实验，让学生了解每个复杂的无线收发系统都是由一个个单元电路组成的。

1. 接收模块

①高频小信号调谐放大器实验；

②集成芯片 MC3361 鉴频实验。

2. 环形混频器模块

①环形混频器实验；

②LC 电容反馈三点式振荡器实验；

③石英晶体振荡实验。

3. 集电极调幅与大信号检波模块

①集电极调幅实验；

②二极管包络检波实验；

③调幅语音通话实验。

4. 发射模块

①高频功率放大器实验；

②变容二极管调频实验。

5. 锁相环应用模块

①锁相环鉴频实验；

②锁相环倍频实验。

6. 乘法器模块

①乘法器混频实验；

②乘法器调幅实验；

③乘法器同步检波实验；

④乘法器鉴频实验。

另外，发射模块和接收模块可以完成：

①调频收发系统实验；

②调频语音通话实验。

说明：用户可对各模块进行组合，开发出新的实验，也可挂接自己开发的模块。做实验时必须把具有相应实验内容的模块插在主板上。部分模块见图1-15和图1-16。

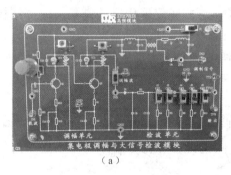
（a）

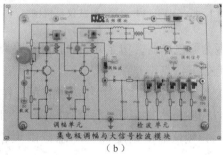
（b）

图1-15 集电极调幅与大信号检波模块

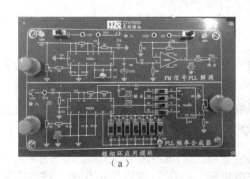
（a）

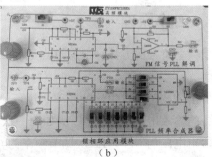
（b）

图1-16 锁相环应用模块

第四节　BT3C 频率特性测试仪

一、概述

频率特性测试仪，俗称扫频仪，是一种用示波器直接显示被测设备频率响应曲线或滤波器的幅频特性的直观测试设备。它广泛地应用于调试宽频带放大、短波通信机和雷达接收机的中频放大器、电视差转机、电视接收机图像和伴音通道、调频广播发射机、接收机高放、中频放大器以及滤波器等有源和无源四端网络。BT3C 频率特性测试仪由扫频信号源和显示系统组合而成，整机如图 1-17 所示。应用该仪器可快速测量或调整甚（超）高频段的各种有源无源网络的幅频特性和驻波特性，特别适用于广大科研院校、军工企业、广播电视、有线电视等单位，用作教学，科研和生产。在高校的高频电子实验、课程设计及电子工艺实训中广泛应用。

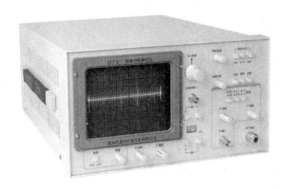

图 1-17　BT3C 频率特性测试仪整机图

扫频仪采用卧式结构，内部结构排列紧凑、合理，质量轻，便于携带，外形美观，面板为彩色印刷，功能分区。扫频仪高频部分采用了表面安装技术，采用电调谐衰减器，具有如下特点：

（1）数字显示 dB 数，操作方便且可靠性高。

（2）扫频范围宽，可进行全景扫频，特别适用于宽带测试要求，也可进行窄带扫频。

（3）扫频仪输出幅度高、动态范围大、频谱纯，可在 $50\mu V \sim 0.5V$ 范围内任取电压值。

（4）谐波小，典型为 $-35dB$，同时具有多种精确标志可选择。

二、工作原理

测量频率特性的方法一般有逐点法和扫频法两种。本节以逐点法频率特性测量为例加以介绍。

调节正弦波信号发生器的频率，逐点测量相应频率上被测设备的输出电压（注意保持被测设备的输入电压不能变）。例如第一次调节频率 f_1，送入被测设备，电压表测得被测设备的输出电压为 U_1，第二次调节频率为 f_2，电压表测得为 U_2，这样继续做下去，到第 n 次调节频率为 f_n，测得 U_n。然后以频率 f 为横坐标，电压 U 为纵坐标作图，将各次频率及其对应测得的电压标注在坐标上，连接这些点得到一条曲线，这就是被测设备的频率特性曲线。但是这种测法即费时又不准，而且不形象。如果把信号发生器改为一个扫频振荡器，它的频率能自动地从 f_1 到 f_n 重复扫频，但扫频仪输出幅度不变。通过被测设备后，被测设备在不同频率上幅度是不同的，将电压表改成检波器，将被测设备输出的扫频信号的包络检出，并送到示波器显示出来，就能直接看到被测设备的频率特性曲线。这就是扫频法测量频率特性的原理，扫频仪即是根据这个原理做成的。

三、扫频仪组成

1. 电源部分

由电源变压器的次级取出各路电压分别加到稳压单元产生 ±14V、±15V、+24V、−12V 六组直流电压，其中 ±14V 直流电压由交流电压经桥式全波整流、滤波产生，±15V、+24V 三组直流电压交流电压分别经桥堆整流，滤波后再经 7824、7815、7915 三端稳压块产生。−15V 电压再经 7912 稳压产生 −12V 直流电压。

高压单元，高频高压发生器产生高频高压，由自激式振荡器产生方波，经高压包升压再经整流电路整流得到 −100V、+350V、6kV、0～350V 四组电压。+350V、0～350V、6kV 直接供显像管使用，−100V 经亮度电位器调节显像管亮度之用。

2. 控制和显示系统

包括示波器和主控部分。主控部分的作用就是使得示波器的水平扫描与扫描振荡器的扫频完全同步。由扫描电路产生与外电网同频的限幅锯齿波及同步方波，限幅锯齿波保证了扫描的线性。锯齿波一路送入 X 偏转放大电路供显示器水平扫描之用，另一路及方波送至控制电路进行信号交换。扫频方式选择、频标方式选择以此来实现扫频宽度控制、标记组合等一系列功能。控制电路是将 0～10V 锯齿波电压送至扫频单元，经二极管网络进行非线性变化再送至扫频振荡器来抵消由变容器二极管产生的非线性频率变化。

3. 扫描信号发生器

它的核心仍然是 LC 振荡器，其电路是设法用调制信号控制振荡电路中的电容器或电感线圈，使电容量或电感量变化，从而使振荡频率受调制信号的控制而变化，但其幅度不变。用调制信号控制电容量变化的方法是由变容二极管实现的。用调制信号控制电感量变化的方法通常是用磁调制来实现的。其原理是用调制电流改变线圈磁芯的导磁系数，使线圈的电感量也作相应的变化，由此而实现扫频。BT−3 扫频仪就是采用这种方法。

以 300MHz 扫频仪为例本机扫频单元由扫频振荡器，定频振荡器分别产生一个扫频信号和一个点频信号，把这两个信号混频经低通滤波产生 0～300MHz 扫频电压，将这扫频电压送入宽带放大器放大后得到 0.5V 信号，一路经 70dB 电控衰减器输出，另一路送给频标单元，第三路则经二极管检波输入到稳幅放大器，以控制 RIN 二极管。由于本机采用自动闭环反馈网络，可自动调整放大器输出电平平坦度，以达到消除扫频信号寄生调幅、自动稳定输出幅度的目的。

4. 衰减控制电路

衰减控制电路是对电控衰减器输出的扫频信号实现 0～79dB 的衰减控制并以数字 dB

显示其衰减量。

5. Y 放大器

Y 放大是将检波器后的电压送到本机的通道单元，经放大后的被测信号加到显像管的 Y 偏转电路，并在屏幕上显示出来，其增益由面板上 Y 增益电位器控制。调节该电位器，使被测信号更加直观。

6. 频标系统

频标系统由晶体振荡器产生 50MHz 的信号，通过分频器产生 10.1MHz 信号，分别与来自扫频单元的扫频信号混频经运算放大器放大，产生菱形频标。再与来自 Y 放大器放大的被测设备检波信号相迭加送至 Y 偏转放大器，从而在扫频曲线上显示出频率标记。面板上设置频标幅度电位器，控制频标幅度。它使得在显示的频率特性曲线上打上频率标志，可以直接读得曲线上各点所对应的频率。

四、BT3C 型频率特性测试仪

1. 主要技术指标

（1）中心频率：1～300MHz 分三个波段（1～75MHz，75～150MHz，150～300MHz）。

（2）扫频频偏：最小频偏小于 ±0.5%；最大频偏大于 ±7.5MHz。

（3）输出扫频信号的寄生调幅系数，在最大频偏内小于 ±7.5%。

（4）输出扫频信号的调频非线性系数，在最大频偏内小于 20%。

（5）输出扫频信号电压大于等于 0.1V（有效值）。

（6）频标信号为 1MHz、10MHz 和外接三种。

（7）扫频信号输出阻抗为 75Ω。

（8）扫频信号输出衰减：粗衰减（0～60dB）分 7 挡，细衰减（0～10dB）分 7 挡。

2. BT－3 扫频仪的组成及基本工作原理

BT－3 型扫频仪共有两个扫频振荡器，扫频振荡器 I 是第一波段用的振荡器，中心频率为 270MHz，其输出送到混频器、与可调频率的定频振荡器（195～270MHz）的输出相混频，经差拍得到 0～75MHz 的扫频信号。扫频振荡器 II 是第二和第三波段所共用的，它的直接输出是 75～150MHz 的扫频信号，供第二波段用，另外经倍频后得到第三波段的 150～300MHz 的扫频信号。频标振荡器是 1MHz 和 10MHz 晶体振荡器，经谐波发生器产生丰富的谐波分量，再与扫频信号差拍后，经滤波器得到菱形频标信号，再加到垂直放大器，由示波管显示出来。主控部分是由电源变压器次级取出的 50Hz 交流电压移相 90°后送至示波管水平偏转板作扫描电压。另外一路经可调移相后送作扫频调制电流，从而保证扫描与扫频同步。同时也给扫描线赋予了频率。

3. 仪器的使用

1）仪器的检查

（1）调节好仪器的辉度和聚焦，使扫描基线足够亮和细。

（2）将"频标选择"开关扳向 1MHz 或 10MHz，此时扫描基线上呈现频标信号，调节

"频标幅度"旋钮，可改变频标的幅度。

（3）将"频率偏移"旋钮旋到最大，荧光屏上呈现的频标数应满足±7.5MHz。

（4）将检波探测器的探针插入仪器输出端，并接好地线。每一波段都在荧光屏上出现方框，将"频标选择"旋至10MHz处，转动中心频率旋钮，检查每一波段范围是否符合要求。

（5）在输出插孔上，插入匹配输出电缆，用超高频毫伏表检查仪器的输出电压是否大于100mV。

2）测试频率特性

（1）检查仪器正常工作后，将输出电缆的一端接扫频电压输出插座，另一端被测设备的输出电压检波送至垂直输入，在荧光屏上可见到被测设备的频率特性曲线，频标叠加在曲线上。

（2）如果被测设备带有检波器，则不用检波探测器，而用输入电缆直接接入仪器的垂直输入端。

（3）当需要某些非1MHz的频标时，可以将"频标选择"置"外接"，从"外接"频标接线柱加入所需的频标信号。

（4）测试时，输出电缆和检波探测器的接地线应尽量短一些，检波探测器的探针上也不应再加接导线。

3）频标定值法

（1）将检波探测器与仪器的扫频输出插座用带75Ω负载的75Ω电缆连接好，屏幕上应出现方块。

（2）将频标选择开关旋向10MHz，波段开关置Ⅰ时，中心频率度盘在起始位置附近时，屏幕中心线上应出现零拍，反时针旋转中心频率度盘，通过屏幕中心线的频标数应多于7.5个。

（3）波段开关置Ⅱ，中心频率度盘从起始位置逆时针旋转时，第一个经过屏幕中心频标应为70MHz，然后依此数记，第二波段最高中心频率应大于150MHz。

（4）欲得第三波段某一频率，只需在第二波段找出第三波段所需频率的二分之一频率处，将波段开关扳向Ⅱ即可。

4）放大器增益的测试

（1）把扫频仪输出电缆与检波探头短接。

（2）扫频仪"输出衰减"，旋在0dB。

（3）调节"Y轴增益"，使荧光屏上显示的图形占纵坐标5格（也可以是其他数目）。

（4）保持"Y轴增益"不变，把扫频仪的输出接至放大器的输入，输入接放大器的输出，这时荧光屏上将显示放大器的频率特性曲线，再调节扫频仪的"输出衰减"，使荧光屏上显示的放大器曲线也占5格，这时"输出衰减"所指示的分贝数就是放大器的增益。

5）零频标的识别

（1）第Ⅰ波段的扫频信号起始频标从零开始。将"频标选择"置外接，"频标幅度"置最大，旋动"中心频率"度盘时，在扫描基线上出现一只频标，这就是"零"频标。

（2）第Ⅰ波段频标的标定和读法：中心频率覆盖范围 0～75MHz。当"频标选择"开关置 10MHz 时，旋转"中心频率"度盘，则"零"频标右边第一个大频标就是 10MHz，第二个为 20MHz，再转动"中心频率"度盘时，可读到 80MHz。相邻两个 10MHz 频标之间的小频标为 5MHz。

（3）第Ⅱ波段频标的标定和读法：中心频率覆盖范围 75～150MHz。当波段开关置Ⅱ，频标置 10MHz，频偏最小，旋动"中心频率"度盘，使扫描基线向右移，移到不能再移的位置，则屏幕中心刻度线右边第一个大频标便是 70MHz。

（4）第Ⅲ波段频标的标定和读法：中心频率覆盖范围 150～300MHz。标定和读法与第Ⅱ波段识别方法相同。在屏幕中心垂直线底部右边第一个大频标是 140MHz。

6）0dB 标准

未接被测电路时，把输出接头和检波头连在一起。"输出衰减"旋钮置于 0dB 档位，"轴衰减旋钮"置于 I 档，调节"Y 轴增益"旋钮，使屏幕上显示的方 Y 框占有一定的高度（一般为 5 格）。这个高度称为 0dB 的校正线。接入被测电路后，在保持"Y 轴增益"旋钮不变的情况下进行测量。将检波头与 75Ω 扫频电压输出电缆相连，接好地线。"输出衰减"开关置于 0dB 挡。

7）无源滤波器的测量

RF 扫频输出口接滤波器输入口。显示方式置于 DC，倍率×1，调 Y 位移使基线与底格重合，Y 增益调至 5dir，适当选择扫频宽度进行测量。直读频标，确定滤波器带宽，用细衰减器确定带内波动量及插入损耗 dB 值。用粗衰减器确定带外衰减量 dB 值。在测量带外衰减 >40dB 时，要检波后加放大器或者在扫频输出端与被测设备之间加宽带功率放大器来满足测试要求。这时应注意放大器的增益 dB 值和平坦度。

8）有源放大器、中高频电路的测量

对有源网络的测量必须注意信号馈给时隔直流问题。还需注意 RF 输出的大小应保证被测网络输出不失真、不饱和，同时，难过检波器的信号不可大于 100mV，以免损伤检波器。对于被测电路自激振荡问题也不能忽略，自激振荡一般分回路本身固有的寄生振荡和外信号加入后产生的注入振荡两种。它们会显著地改变幅频响应曲线的形状，使曲线有大的起伏或出现突变点和饱和状态，扫描基线也显著改变上下位置。这些现象在调试过程中应予彻底的消除。有源放大器一般测量指标有增益值、3dB 带宽，带内波动、带外衰减、中心频率等幅频参量。3dB 带宽确定，在不限幅的情况下，设定被测设备所显示的包络图形 Y 轴最大幅 0dB，用仪器的细衰器衰减 3dB 后，图形位置改变，用频标即可确定 3dB 带宽。带内波动、带外衰减、增益 dB 值，带内波动和衰减值可用粗、细衰减器协调动作，曲线高位置点和低位置点之差即是，增益值的求得亦同理，将扫频输出经检波后显示的图形位置和加接放大器后显示的图形位置比较，其差 dB 值即是。注意，回扫基线位置应在同一位置。Y 增益和倍率不可动，在批量生产中可考虑用标准件范例来比较增益大小。中心频率和频率范围由频标直接读出。

9）谐振回路测量

测量时应尽量做到外电路与谐振回路松耦合，为此可在信号馈入点并接 75Ω 匹配电阻，然后用一个电容将信号耦合到测量回路里。有必要的话，还应在信号馈入点外加入适量电抗分量元件使被测回路的输入端尽可能构成行波状态，从而减少反射的影响。信号的定性检测用高阻检波器比较方便，在高阻检波器的输入点可串接一小电容，以减小测试回路可能产生失谐等问题。

10）电压驻波比测量

测量方法有采用衰减器法，改变仪器的衰减量，使全反射曲线与被测负载线幅度相同时，变化的衰减量即是回波损耗。可按电桥的使用方法查表计算得到驻波系数。

4. 仪器使用注意事项及使用方法

（1）检查仪器的电气性能。

（2）测试时，面板上的按键和旋钮，应着力均匀，不得过猛过快。各连接电缆尽可能短些、粗些，若有条件，最好使用各种高频转换接头，并保证良好的接地，各输入、输出插座应清洁，无污垢。

（3）如被测设备自身带有检波输出，可直接用电缆线馈入显示系统和垂直输入。

（4）为避免本机检波器的损坏，在检波器的输入端的高频信号应 ≤100mW，直流电压 ≤3V。

（5）如被测设备的输出带有直流电位时，显示输入端应选择 AC 输入显示方式。

（6）本仪器应在通风良好，干燥无腐蚀气体的条件下工作或储存，避免在高温、高湿和有振动有冲击的环境下使用的储存，也应避免在强磁场中使用，以免影响仪器正工作。

5. 仪器的维修

1）显示部分故障的检查

（1）无光点扫描线。首先看显像管灯丝是否已点亮，如不亮测量显尾 3.4 脚是否有 −12V 电压，无电压可查电源；有电压则显像管已损坏，如灯丝已点亮可查显像管高压是否正常，如有不正常可查高压电源变换器。可用万用表检查仪器后部 XY 偏转放大板上有无 ±15V、±14V，如果没有则检查电源部分，电源板在仪器后面。如果正常则对 XY 偏转板进行检查，可照偏转放大电路原理图所标电压逐级进行检查。

（2）有光点无扫描线。先检查正负电源 ±15V、±14V、−12V，如电源正常后，再查偏转上有无 12V/50MHz 正弦波，如有再测是否有方波输出、有无锯齿波输出依此逐级检查。

（3）有扫描线，但 X、Y 均半偏。首先检查电源板上 ±15V、±14V 若正常则查偏转各级电压，如果均正常则检查后背板上四只功率管工作是否正常，此故障即可排除。

2）扫频单元故障检查

（1）无方框、无频标、有扫描基线。首先检查电源板上各级电压，正常则检查扫频板上 V10 的负端有无 0 ~ +15V 的方波，若不正常可根据原理图逐级检查修理，若正常可宽带放大器损坏，需与我公司联系修理。

（2）有方框 50MHz、10.1MHz 标记全无。首先检查频标板上有无 ±15V，若无则说明故障出现在供电线路上，若有则用 100MHz 示波器检查频标上电容器 C_6 有无 50MHz 正弦波信号；若无则说明故障出现在振荡器上，若有则用示波器检查运算放大器 TLE2037CP 的 6 脚上分别有无 50MHz、10MHz、1MHz 菱形标志；若无则根据原理图在频标板上逐级检查，若有则故障肯定出现在频标板一频控制板一偏转放大板之间的信号连接线上。

（3）有方框、有频标、全扫正常、窄扫不正常首先检查扫频控制板上（TL084）7 脚上的三角波是否正常，不正常则需更换 TL084。

6. 仪器的成套配置（表 1-4）

表 1-4　BT3C 成套配置

序号	名称	数量	序号	名称	数量
1	BT3C 频率特性测试仪	1 台	6	自校插头座	1 个
2	使用说明书	1 本	7	电源线	1 根
3	射频输出电缆线（75Ω）	1 根	8	保险丝 1.5A	2 只
4	75Ω 宽带检波器	1 只	9	产品合格证	1 个
5	输入电缆（带鳄鱼夹 50Ω）	1 根			

第五节　GVT-417B 交流毫伏表

一、主要特点及性能指标

GVT-417B 为一个单信道通用交流电压表，可测量 300μV ~ 100V（10Hz ~ 1MHz）的交流电压。测量电压为 1V 时，相应分贝值为 0dB。整个测量范围内，分贝值范围为 -90 ~ +41dB，600Ω（1mW）dBm 范围为 -90 ~ +43dBm。

仪器的刻度高达 1.1（对应 +1dB），此延长的刻度非常有利于音频放大器特性的测量。另外，满刻度时，仪器输出端子输出大约 0.1V 电压，如此可监控测量。

主要性能指标有：

①刻度值：正弦波的 V_{rms} 值；dB 值（0dB = 1V）；dBm 值（0dBm = 1mW）；

②电压范围：12 个档位：300μV，1mV，3mV，10mV，30mV，100mV，300mV，1V，3V，10V，30V，100V；

③分贝范围：12 个档位：-70 ~ +40dB，相邻两档相差 10dB；

④分贝刻度：-20 ~ +1dB（0dB = 1V）；-20 ~ +3dBm（0dBm = 1mW［600Ω］）；

⑤电压精度：1kHz，满刻度，3%；

⑥频率响应（参考：1kHz）：20Hz ~ 200kHz，≤ ±3%；10Hz ~ 1MHz，≤ ±10%；

⑦失真：≤2%满刻度，1kHz；

⑧输入阻抗：大约1MΩ；

⑨输入电容：≤50pF；

⑩最大输入电压（DC + ACpeak）：300V（300μV ~ 1V 档位）；500V（3V ~ 100V 档位）；

⑪交流输出电压：$0.1V_{rms}$ ±10% X 档位，1kHz（满刻度，无负载）；

⑫交流输出频率响应：10Hz ~ 1MHz，≤ ±3%（参考：1kHz，无负载）；

⑬使用电源波动影响：若使用电源波动≤ ±10%，由此引起的显示变化在满刻度时≤ ±0.5%；

⑭操作温度：0 ~ 40℃，相对湿度 <80%；

⑮储存温度：− 10 ~ +70℃，相对湿度 <70%。

二、面板介绍

毫伏表面板图如图1-18所示。

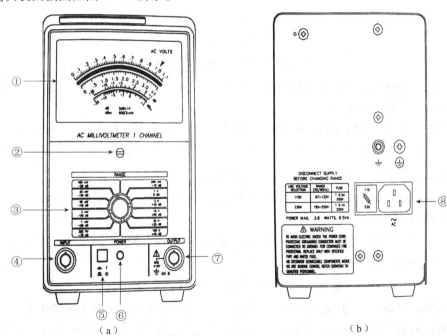

（a）　　　　　　　　　　　　　　（b）

图1-18　交流毫伏表面板图

①表头：方便的电压和 dB 读值。

②调零：指示器的机械调零。

③档位选择开关：以 10dB/档的衰减选择合适的电压文件位，方便读值。

④输入接口：连接待测信号，最大绝缘直流电压为 ±30V（峰值）。

⑤电源开关。

⑥电源指示灯。

⑦输出接口：当此仪表用作前置放大器，此接口输出信号。若档位选择开关打在100mV，输出电压将大约等于输入信号。若否，档位选择开关打在相邻的高档或低档时，放大倍率减少或增加10dB。最大绝缘直流电压为±12V（峰值）。

⑧输入 AC 电源插座。

三、操作方法

1. 电压测量

（1）关掉电源。

（2）检查零点，若有漂移，用一个螺丝起子调整仪表前盖中央的零点调节螺丝。

（3）将交流电源插头插入交流电源插座。

（4）设置档位到100V并打开电源。

（5）将测试线连到输入端口，开始测量。

（6）调整档位选择开关直到指针指在≥满刻度的1/3处，以方便读值。

2. 分贝档位的应用

表盘上提供有两个分贝刻度，校准如下：

$$0dB = 1V$$

$$0dBm = 0.775V（1mV，600\Omega）$$

（1）dB："Bel"是计量功率比值的对数单位，一个分贝（"decibel"，缩写为dB）为一个贝尔（Bel）的十分之一。

dB 的定义如下：dB = 10lg（P_2/P_1）（P_2 是已测量的功率，P_1 代表参考功率）。

若 $R_1 = R_2$，功率比值可如下所示：dB = 20lg（E_2/E_1）= 20lg（I_2/I_1）（E_2 和 I_2 分别是已测量的电压和电流，E_1 和 I_1 分别代表参考电压和电流）。

dB 的定义最初如上用以表示功率的比值。但在应用中，其他值的比率（电压比或电流比）对数也可称为dB。

例如：一个放大器的输入电压为10mV，输出电压为10V，放大等级为10V/10mV = 1000 倍。此也可以 dB 为单位表示如下：

$$放大等级 = 20lg（10V/10mV）= 60dB$$

（2）dBm："dBm"为 dB（mW）的缩写。表示的是相对于1mW的功率比值。通常指的是 600Ω 阻抗下的功率。因此，"0dBm"定义如下：0dBm = 1mW 或 0.775V 或 1.291mA。

（3）功率或电压的级别由刻度读值和选择的档位决定。

例如：　　　刻度读值　　　档位　　　级别

　　　　　（−1dB）　　+（+20dB）　　= +19dB

　　　　　（+2dBm）　+（+10dBm）　= +12dBm

（4）显示表头的 dB 和 dBm 刻度如表1−5所示。

表 1-5　档位刻度表

档位设定	dB	dBm	档位设定	dB	dBm
+40	+20 ~ +41	+20 ~ +43	-20	-40 ~ -19	-40 ~ -17
+30	+10 ~ +31	+10 ~ +33	-30	-50 ~ -29	-50 ~ -27
+20	0 ~ +21	0 ~ +23	-40	-60 ~ -39	-60 ~ -37
+10	-10 ~ +11	-10 ~ +13	-50	-70 ~ -49	-70 ~ -47
0	-20 ~ +1	-20 ~ +3	-60	-80 ~ -59	-80 ~ -57
-10	-30 ~ -9	-30 ~ -7	-70	-90 ~ -69	-90 ~ -67

四、故障排除

GVT-417B 的故障排除仅限于检查输入电源保险丝。

警告：①为避免电击，电源线的接地保护导体必须接到大地。

②为了确保有效的防火措施，只限于更换特定样式和额定值的保险丝。更换前必须先切断电源，并将电源线从电源插座上取下来。

第六节　GOS-620 双轨迹示波器

一、性能指标

（1）垂直系统灵敏度：5mV~5V/DIV，以 1-2-5 顺序共 10 文件。

（2）频宽：DC~20MHz（×5MAG. DC~7MHz）。AC 耦合：最低限制频率 10Hz。

（3）最大输入电压：300V（DC+ACpeak），AC：1kHz 或较低之频率。

（4）上升时间：约 17.5ns（×5MAG. 约 50ns）。

（5）输入阻抗：约 1Mohm/约 25pF。

（6）扫描时间：0.2μs~0.5s/DIV，依 1-2-5 顺序共 10 文件。

（7）功率消耗：约 40VA，35W（Max）。

二、面板介绍

示波器面板如图 1-19 所示。

1. CRT 显示屏

②INTEN：轨迹及光点亮度控制钮。

③FOCUS：轨迹聚焦调整钮。

④TRACE ROTATION：使水平轨迹与刻度线成平行的调整钮。

⑥POWER：电源主开关，压下此钮可接通电源，电源指示灯⑤会发亮；再按一次，

开关凸起时，则切断电源。

㉝FILTER：滤光镜片，可使波形易于观察。

2. VERTICAL 垂直偏向

⑦、㉒VOLTS/DIV：垂直衰减选择钮，以此钮选择 CH1 及 CH2 的输入信号衰减幅度，范围为 5mV/DIV ~ 5V/DIV，共 10 档。

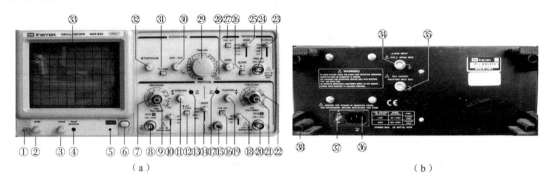

（a）　　　　　　　　　　　　　　（b）

图 1-19　示波器面板图

⑩、⑱AC – GND – DC：输入信号耦合选择按键组。

AC：截止直流或低频信号输入。

GND：按下此键则隔离信号输入，并将垂直衰减器输入端接地，使之产生一个零电压参考信号。

DC：垂直输入信号直流耦合，AC 与 DC 信号一起输入放大器。

⑧CH1（X）输入：CH1 的垂直输入端；在 X – Y 模式中，为 X 轴的信号输入端。

⑨、㉑VARIABLE：灵敏度微调控制，至少可调到显示值的 1/2.5。在 CAL 位置时，灵敏度即为档位显示值。当此旋钮拉出时（×5MAG 状态），垂直放大器灵敏度增加 5 倍。

⑳CH2（Y）输入：CH2 的垂直输入端；在 X – Y 模式中，为 Y 轴的信号输入端。

⑪、⑲POSITION：轨迹及光点的垂直位置调整钮。

⑭VERT MODE：CH1 及 CH2 选择垂直操作模式。

CH1：设定本示波器以 CH1 单一频道方式工作。

CH2：设定本示波器以 CH2 单一频道方式工作。

DUAL：设定示波器以 CH1 及 CH2 双频道方式工作，此时并可切换 ALT/CHOP 模式来显示两轨迹。

ADD：用以显示 CH1 及 CH2 的相加信号；当 CH2 INV 键⑯为按下状态时，即可显示 CH1 及 CH2 的相减信号。

⑬、⑰CH1：调整垂直直流平衡点。

⑫ALT/CHOP：在双轨迹模式下，放开此键，则 CH1&CH2 以交替方式显示（一般使用于较快速之水平扫描文件位）；当在双轨迹模式下，按下此键，则 CH1&CH2 以切割方式显示（一般使用于较慢速之水平扫描文件位）。

⑯CH2 INV：此键按下时，CH2 的信号将会被反向。CH2 输入信号于 ADD 模式时，

CH2 触发截选信号（Trigger Signal Pickoff）亦会被反向。

3. TRIGGER 触发

㉖SLOPE：触发斜率选择键。

＋：凸起时为正斜率触发，当信号正向通过触发准位时进行触发。

－：压下时为负斜率触发，当信号负向通过触发准位时进行触发。

㉔EXT TRIG. IN：TRIG. IN 输入端子，可输入外部触发信号。欲用此端子时，须先将 SOURCE 选择器㉓置于 EXT 位置。

㉗TRIG. ALT：触发源交替设定键，当 VERT MODE 选择键⑭在 DUAL 或 ADD 位置，且 SOURCE 选择器㉓置于 CH1 或 CH2 位置时，按下此键，本仪器即会自动设定 CH1 与 CH2 的输入信号以交替方式轮流作为内部触发信号源。

㉓SOURCE：内部触发源信号及外部 EXT TRIG. IN 输入信号选择器。

CH1：当 VERT MODE 选择器⑭在 DUAL 或 ADD 位置时，以 CH1 输入端信号作为内部触发源。

CH2：当 VERT MODE 选择器⑭在 DUAL 或 ADD 位置时，以 CH1 输入端信号作为内部触发源。

LINE：将 AC 电源线频率作为触发信号。

EXT：将 TRIG. IN 端子输入的信号作为外部触发信号源。

㉕TRGGER MODE：触发模式选择开关。

AUTO：当没有触发信号或触发信号的频率小于 25Hz 时，扫描会自动产生。

NORM：当没有触发信号时，扫描将处于预备状态，屏幕上不会显示任何轨迹。本功能主要用于观察≤25Hz 之信号。

TV－V：用于观测电视信号之垂直画面信号。

TV－H：用于观测电视信号之水平画面信号。

㉘LEVEL：触发准位调整钮，旋转此钮以同步波形，并设定该波形的起始点。将旋钮向"＋"方向旋转，触发准位会向上移；将旋钮向"－"方向旋转，触发准位会向下移。

4. 水平偏向

㉙TIME/DIV：扫描时间选择钮，扫描范围从 0.2μs/DIV 到 0.5μs/DIV 共 20 个档位.

X－Y：设定为 X－Y 模式。

㉚SWP. VAR：扫描时间的可变控制选钮，若按下 SWP. UNCAL 键⑲，并旋转此控制钮，扫描时间可延长至少为指示数值的 2.5 倍；该键若未按下时，则指示数值将被校准。

㉛×10MAG：水平放大键，按下此键可将扫描放大 10 倍。

㉜POSITION：轨迹及光点的水平位置调整钮。

5. 其他功能

①CAL（$2V_{P-P}$）：此端子会输出一个 $2V_{P-P}$，1kHz 的方波，用以校正测试棒及检查垂直偏向的灵敏度。

⑮㊱GND：本示波器接地端子和 AC 电源线插座。

㉞Z - AXIS INPUT：Z 轴输入端子，此输入端的信号将作为外接亮度调变信号。

㉟CH1 OUTPUT：CH1 输出端，以大约 20mV/DIV 的电压输出 CH1 信号（须加 50Ω 负载），此输出信号可作为计频器的输入信号源或其他用途。

㊲保险丝及电源电压选择器。

㊳示波器脚垫，亦可作为电源线的绕线架。

三、操作方法

1. 单一频道基本操作法

以 CH1 为范例，介绍单一频道基本操作法。CH2 单频道的操作程序是相同的，仅需注意要改为设定 CH2 栏的旋钮及按键组。先依照表 1-6 顺序设定各旋钮及按键。

表 1-6　各旋钮及按键的设定

项　目		设　定	项　目		设　定
POWER	⑥	OFF 状态	AC - GND - DC	⑩⑱	GND
INTEN	②	中央位置	SOURCE	㉓	CH1
FOCUS	③	中央位置	SLOPE	㉖	凸起（+斜率）
VERT MODE	⑭	CH1	TRIG. ALT	㉗	凸起
ALT/CHOP	⑫	凸起（ALT）	TRIGGER MODE	㉕	AUTO
CH2 INV	⑯	凸起	TIME/DIV	㉙	0ms/DIV
POSITION	⑪⑲	中央位置	×10 MAG	㉛	凸起
VOLTS/DIV	⑦㉒	0.5V/DIV	POSITION	㉜	中央位置
VARIABLE	⑨㉑	顺时针转到底 CAL 位置	SWP. VAR	㉚	顺时针转到底 CAL 位置

按照表中设定完后，插上电源插头，继续下列步骤：

①按下电源开关⑥，并确认电源指示灯⑤亮起。约 20s 后 CRT 显示屏上应会出现一条轨迹，若在 60s 之后仍未有轨迹出现，请检查上列各项设定是否正确。

②转动 INTEN②及 FOCUS③钮，以调整出适当的轨迹亮度及聚焦。

③调 CH1 POSITION 钮⑪及 TRACE ROTATION④，使轨迹与中央水平刻度线平行。

④将探棒连接至 CH1 输入端⑧，并将探棒接上 $2V_{P-P}$校准信号端子①。

⑤将 AC - GND - DC⑩置于 AC 位置，此时，CRT 上会显示见图 1-20。

⑥调整 FOCUS③钮，使轨迹更清晰。

⑦欲观察细微部分，可调整 VOLTS/DIV⑦及 TIME/DIV㉙钮，以显示更清晰的波形。

⑧调整 POSITION⑪及 POSITION㉜钮，以使波形与刻度线齐平，并使电压值（V_{P-P}）及周期（T）易于读取。

2. 双频道操作法

双频道操作法与单一频道操作法的步骤大致相同，仅需按照下列说明略作修改：

①将 VERT MODE⑭置于 DUAL 位置。此时，示屏上应有两条扫描线，CH1 的轨迹为校准信号的方波；CH2 则因尚未连接信号，轨迹呈一条直线。

②将探棒连接至 CH2 输入端⑳，并将探棒接上 $2V_{P-P}$ 校准信号端子⑪。

③按下 AC－GND－DC 置于 AC 位置，调 POSITION 钮⑪⑲，以使两条轨迹如图 1－21 所示。

当 ALT/CHOP 放开时（ALT 模式），则 CH1&CH2 的输入信号将以交替扫描方式轮流显示，一般使用于较快速之水平扫描文件位；当 ALT/CHOP 按下时（CHOP 模式），则 CH1&CH2 的输入信号将以大约 250kHz 斩切方式显示在屏幕上，一般使用于较慢速之水平扫描文件位。

在双轨迹（DUAL 或 ADD）模式中操作时，SOURCE 选择器㉓必须拨向 CH1 或 CH2 位置，选择其一作为触发源。若 CH1 及 CH2 的信号同步，二者的波形皆会是稳定的；若不同步，则仅有选择器所设定之触发源的波形会稳定，此时，若按下 TRIG. ALT 键㉗，则两种波形皆会同步稳定显示。

注意：请勿在 CHOP 模式时按下 TRIG. ALT 键，因为 TRIG. ALT 功能仅适用于 ALT 模式。

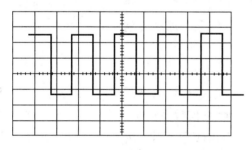 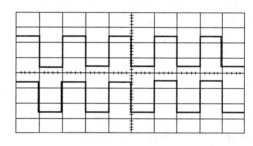

图 1－20　CRT 显示图　　　　　　图 1－21　轨迹图

3. ADD 之操作

将 MODE 选择器⑭置于 ADD 位置时，可显示 CH1 及 CH2 信号相加之和；按下 CH2 INV 键⑯，则会显示 CH1 及 CH2 信号之差。为求得正确的计算结果，事前请先以 VAR 钮⑨㉑将两个频道的精确度调成一致。任一频道的 POSITION 钮皆可调整波形的垂直位置，但为了维持垂直放大器的线性，最好将两个旋钮置于中央位置。

4. 触发

1）MODE（触发模式）功能说明

AUTO：当设定于 AUTO 位置时，将会以自动扫描方式操作。在这种模式下即使没有输入信号，扫描产生器仍会自动产生扫描线，若有输入触发信号时，则会进入触发扫描方式工作。一般而言，当在初次设定面板时，AUTO 模式可以轻易得到扫描线，直到其他控制旋钮设定在适当位置，一旦设定完后，时常将其在切回 NORM 模式，因为此种模式可以得到更好的灵敏度。AUTO 模式一般用于直流测量以及信号振幅非常低，低到无法触发扫描的情况下使用。

NORM：当设定于 NORM 位置时，将会以正常扫描方式操作，扫描线一般维持在待备状况，直到输入触发信号由调整 TRIG LEVEL 控制钮越过触发准位时，将会产生一次扫描线，假如没有输入触发信号，将不会产生任何扫描线。在双轨迹操作时，若同时设定 TRIG. ALT 及 NORM 扫描线模式，除非 CH1 及 CH2 均被触发，否则不会有扫描线产生。

TV – V：当设定于 TV – V 位置时，将会触发 TV 水平同步脉波以便于观测 TV 水平线（lines）之电视复合影象信号。水平扫描时间一般设定于 10μs/DIV，并可利用转动 SWP. VAR 控制钮来显示更多的水平线波形。

2）SOURC 触发源功能说明

CH1：CH1 内部触发。

CH2：CH2 内部触发。加入垂直输入端信号，自前置放大器中分离出来之后，透过 SOURCE 选择 CH1 或 CH2 作为内部触发信号。因为触发信号是自动调整过的，所以 CRT 上会显示稳定触发的波形。

LINE：自交流电源中拾取触发信号，此种触发源适合于观察与电源频率有关的波形，尤其在测量音频设备与门流体等低准位 AC 噪声方面，特别有效。

EXT：外部信号加入外部触发输入端以产生扫描，所使用的信号应与被测量的信号有周期上的关系．因为被测量的信号若不作为触发信号，那么此法将可以补捉到想要的波形。

3）TRIG. ALT（交替触发）功能说明

TRIG. ALT 设定键一般使用在双轨迹并以交替模式显示时，作交替同步触发来产生稳定的波形。在此模式下，CH1 与 CH2 会轮流作为触发信号各产生一次扫描。此项功能非常适合用来比较不同信号源之周期或频率关系，但需注意，不可用来测量相位或时间差。当在 CHOP 模式时按下 TRIG. ALT 键，则是不被允许的，请切回 ALT 模式或选择 CH1 与 CH2 作为触发源。

5. TIME/DIV 功能说明

此旋钮可用来控制所要显示波形的周期数，假如所显示的波形太过于密集，则将此旋钮转至较快速之扫描文件位；假如所显示的波形太过于扩张，或当输入脉波信号时可能呈现一直线，则可将此旋扭转至低速档，以显示完整的周期波形。

6. 扫描放大

若欲将波形的某一部分放大，则须使用较快的扫描速度，然而，如果放大的部分包含了扫描的起始点，那么该部分将会超出显示屏之外。在这种情况下，必须按下"×10MAG"键，即可以屏幕中央作为放大中心，将波形向左右放大 10 倍。放大时的扫描时间为：（TIME/DIV 所显示之值）×1/10。因此，未放大时的最高扫描速度 1μs/DIV 在放大后，可增加为 100μs/DIV。

第七节 V-252T双踪通用示波器

一、控制与连接

本仪器所有的控制件均位于前、后面板上，其位置示意图如图1-22所示。其名称和用途详述如下。

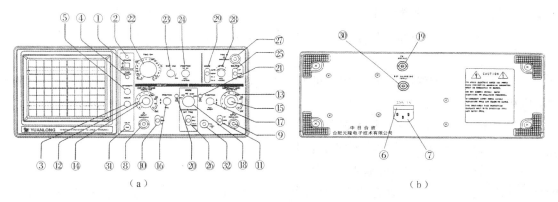

（a）　　　　　　　　　　　　　　　　（b）

图1-22　示波器前面板

1. 电源和示波管系统的控制件

①电源开关：电源开关按进去为电源开，按出为电源断。

②电源指示灯：电源接通后该指示灯亮。

③聚焦控制：当辉度调到适当的亮度后，调节聚焦控制直至扫描线最佳。虽然聚焦在调节亮度时能自动调整，但有时有稍微漂移，应当手动调节以获得最佳聚焦状态。

④基线旋转控制：用于调节扫描线和水平刻度线平行。

⑤辉度控制：此旋钮用来调节辉度电位器，改变辉度。顺时针方向旋转，辉度增加；反之，辉度减小。

⑥电源保险丝插座：用于放置整机电源保险丝。

⑦电源插座：用于插入电源线插头。

2. 垂直偏转系统的控制件

⑧Y_1输入：BNC端子用于垂直轴信号的输入。当示波器工作于X-Y方式时，输入到此端的信号变为X轴信号。

⑨Y_2输入：类同Y_1，但当示波器工作于X-Y方式时，输入到此端的信号变为Y轴信号。

⑩、⑪输入耦合开关：此开关用于选择输入信号送至垂直轴放大器的耦合方式。

AC：此开关按出为AC方式；在此方式时，信号经过电容器输入，输入信号的直流分量被隔离，只有交流分量被显示。

GND：此开关按入为接地方式；在此方式时，垂直轴放大器输入端接地。

DC：此开关按入为 DC 方式；在此方式时，输入信号直接送至垂直轴放大器输入端而显示，包含信号的直流成分。

⑫、⑬VOLTS/DIV 伏/度选择开关：该开关用于选择垂直偏转因数，使显示的波形置于一个易于观察的幅度范围。当 10：1 探头连接于示波器的输入端时，荧光屏上的读数要乘以 10。

⑭、⑮微调：当旋转此旋钮时，可小范围连续改变垂直偏转灵敏度，顺时针到底为校准位置；逆时针方向旋转到底时，其变化范围应大于 2.5 倍。此旋钮拉出时，垂直系统的增益扩展 5 倍，最高灵敏度可达 1mV/DIV。

⑯Y₁ 位移旋钮：此旋钮用于调节 Y₁ 在垂直方向的位移。顺时针方向旋转波形上移，逆时针方向旋转波形下移。

⑰Y₂ 位移、倒相控制：位移功能同 Y₁，但当旋钮拉出时，输入到 Y₂ 通道的信号极性被倒相。

⑱工作方式选择开关：此开关用于选择垂直偏转系统的工作方式。

Y₁：只有加到 Y₁ 通道的输入信号能显示。

Y₂：只有加到 Y₂ 通道的输入信号能显示。

交替：加到 Y₁ 和 Y₂ 通道的信号能交替显示在荧光屏上。此方式用于扫描时间短的两通道观察。

断续：在此工作方式时，加到 Y₁ 和 Y₂ 通道的输入信号受约 250kHz 自激振荡电子开关的控制，同时显示在荧光屏上。此方式用于扫描时间长的两通道观察。

Y₁ + Y₂：在此工作方式时，加到 Y₁ 和 Y₂ 通道的信号的代数和在荧光屏上显示。

⑲Y₁ 信号输出端：此输出端输出 Y₁ 通道信号的取样信号。

⑳、㉑直流平衡调节控制：用于直流平衡调节。

3. 水平偏转系统的控制件

㉒TIME/DIV 选择开关：扫描时间范围从 0.2μs/DIV 到 0.2s/DIV，按 1 - 2 - 5 进制共分 19 档和 X - Y 工作方式。当示波器工作于 X - Y 方式时，X（水平）信号连接到 Y₁ 输入端；Y（垂直）信号连接到 Y₂ 输入端，偏转灵敏度从 1mV/DIV 到 5V/DIV，此时带宽缩小到 500kHz。

㉓扫描微调控制：当旋转此旋钮时，可小范围连续改变水平偏转因数，顺时针到底为校准位置；逆时针方向旋转到底时，其变化范围应大于 2.5 倍。

㉔水平位移：此旋钮用于水平移动扫描线，顺时针方向旋转时，扫描线向右移动；反之，扫描线向左移动。此旋钮拉出时，扫描因数扩展 10 倍，即 TIME/DIV 开关指示的是实际扫描的 10 倍。这样通过调节旋钮就可以观察所需信号放大 10 倍的波形（水平方向），并将屏幕外的所需观察信号移到屏幕内。

4. 触发系统的控制件

㉕触发源选择开关。此开关用于选择扫描触发信号源。

内触发：加到 Y_1 或 Y_2 的信号作为触发源；

电源触发：取电源频率的信号作为触发源；

外触发：外触发信号加到外触发输入端作为触发源。外触发用于垂直方向上的特殊信号的触发。

㉖内触发选择开关。此开关用于选择扫描的内触发信号源。

Y_1：加到 Y_1 的信号作为触发信号；

Y_2：加到 Y_2 的信号作为触发信号；

组合：用于同时观察两个波形，触发信号交替取自 Y_1 和 Y_2。

㉗外触发输入插座。此插座用于扫描外触发信号的输入。

㉘触发电平控制旋钮。此旋钮通过调节触发电平来确定扫描波形的起始点。亦能控制触发开关的极性；按进去为"＋"极性，拉出为"－"极性，见图 1-23 和图 1-24。

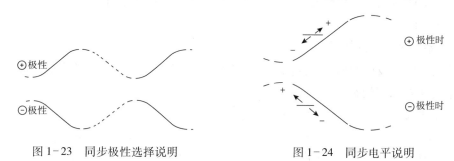

图 1-23 同步极性选择说明　　　　图 1-24 同步电平说明

㉙触发方式选择开关：

自动：本状态示波器始终自动触发扫描，显示扫描线。有触发信号时，获得正常触发扫描，波形稳定显示。无触发信号时，扫描线将自动出现。

常态：当触发信号产生，获得触发扫描信号，实现扫描；无触发信号时，应当不出现扫描线。

TV－V：此状态用于观察电视信号的全场波形。

TV－H：此状态用于观察电视信号的全行波形。

注：只有当电视同步信号是负极性时，TV－V 和 TV－H 才能正常工作。

5. 其他

㉚外增辉输入插座。此输入端用于外增辉信号输入。它是直流耦合；加入正信号辉度降低，加入负信号辉度增加。

㉛校正 0.5V 端子。输出 1kHz，0.5V 的校正方波；用于校正探头的电容补偿。

㉜接地端子。示波器的接地端子。

三、基本操作与调节

1. 使用前准备

仪器使用前应检查所用电源是否符合规定要求，并置各控制旋钮如表 1-7 所示。

表 1-7　各控制旋钮位置

电源开关①	关	触发方式㉙	自动
辉度⑤	反时针旋到底	触发源㉕	内触发
聚焦③	居中	内触发㉖	Y_2
AC - GND - DC⑩⑪	GND	TIME/DIV㉒	0.5mS/DIV
垂直位移⑯⑰	居中（旋转按进）	水平位移㉔	居中
垂直工作方式⑱	Y_1		

完成上述准备工作后，打开电源。15s 后，顺时针旋转辉度旋钮，扫描线将出现。如果立即开始使用，调聚焦旋钮使扫描亮线最细。调节 Y_1、Y_2 位移旋钮，移动扫描线到示波管中心，与水平刻度线平行。有时扫描线受大地磁力线及周围磁场的影响，发生一些微小的偏转，此时可调节基线旋转电位器，使基线与水平刻度线平行。

2. 一般测量

1）观察一个波形的情况

当不观察两个波形的相位差或除 X - Y 工作方式以外的其他工作状态时，仅用 Y_1 或 Y_2。控制旋钮置如下状态：

垂直工作方式	Y_1（或 Y_2）
触发方式	自动
触发信号源	内
触发源	Y_1（Y_2）

在此情况下，通过调节触发电平，所有加到 Y_1 或 Y_2 通道上的频率在 25Hz 以上的重复信号能被同步并观察。无输入信号时，扫描亮线仍然显示。若观察低频信号（大约 25Hz 以下），则置触发方式为常态，再调节触发电平旋钮能获得同步。

2）同时观察两个波形

垂直工作方式开关置交替或断续时就可以方便地观察两个波形。交替用于观察两个重复频率较高的信号，断续用于观察两个重复频率较低的信号。当测量信号相位差时，需要用相位超前的信号作触发信号。

3. 信号连接方法

测量的第一步是正确地将信号连接至示波器的输入端。

1）探头的使用

当高精度测量高频率信号波形时，使用附件中的探头，探头的衰减位"10"，输入信号的幅度被衰减 10 倍。

注意：不要用探头直接测量大于 400V（DC + ACPEAK，1kHz）的信号。

当测量高速脉冲信号或高频信号时，探极接地点要靠近被测试点，较长接地线能引起振铃和过冲之类波形畸变。VOLTS/DIV 的读数要乘 10。为了避免测量误差，在测量前探头应按下列方法进行校正检查以消除误差。探头探针接到校正方波输出端；正确的电容值将产生平顶方波见图 1－25。波形太小和太大见图 1－26、图 1－27。用起子调整探头校正孔的补偿电容，直到获得正确波形附图 1－25。

图 1－25　正确　　　　　图 1－26　太小　　　　　图 1－27　太大

2）直接馈入

当不使用探头而直接将信号接到示波器时，应注意下列几点，以最大限度减少测量误差。

使用无屏蔽导线时，对于低阻抗高电平不会产生干扰。但应注意到，在很多情况下，其他电路和电源线的静态寄生耦合可能引起测量误差。即使在低频范围，这种测量误差也不能忽略。

通常应避免使用无屏蔽线。使用屏蔽线的一端与示波器接地端连接，另一方端接至被测电路的地线。最好使用 BNC 同轴电缆线。

3）X－Y 工作方式时观摩波形

置时基开关 TIME/DIV 于 X－Y 状态。此时示波器工作方式为 X－Y 方式。

加到示波器各输入端的情况如下：

X 轴信号（水平轴信号）　　　　　　　Y_1 输入

Y 轴信号（垂直轴信号）　　　　　　　Y_2 输入

同时，使㉔为弹出状态。

4. 测量程序

开始测量前先做好以下工作：调节辉度和聚焦旋钮于适当位置以便观察；最大可能减少显示波形的读出误差；使用探头时应检查电容补偿。

1）直流电压测量

置输入耦合开关于 GND 位置，确定零电平位置。置 VOLTS/DIV 开关于适当位置，置 AC－GND－DC 开关于 DC 位置。扫描亮线随 DC 电压的数值而移动，信号的直流电压可以通过位移幅度于 VOLTS/DIV 开关标称值的乘积获得，见图 1－28。当 VOLTS/DIV 开关指在 50mV/DIV 挡时，则 50mV/DIV×4。2DIV＝20mV（若使用了 10∶1 探头，则信号的实际值是上述值的 10 倍，即 50mV/DIV×4，2DIV＝2.1V）。

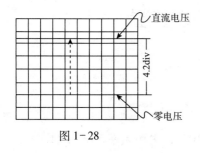
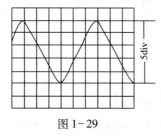
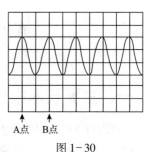

图 1－28　　　　　　　　　图 1－29　　　　　　　　　图 1－30

2）交流电压测量

与"直流电压测量"相似，但这里不必在刻度上确定零电平。如果有一见图 1－29 波形显示，且 VOLTS/DIV 是 1mV/DIV，则此信号的交流电压是 $1V/DIV \times 5DIV = 5V_{P-P}$（使用 10∶1 探头时是 $50V_{P-P}$）。当观察叠加在较高直流电平上的小幅度交流信号时，置输入藕合于 AC 状态，直流成分被隔离，交流成分可顺利通过，提高了测量灵敏度。

3）频率和周期的测量

举例说明如下：

输入信号的波形显示见图 1－30，A 点和 B 点的间隔为一个整周期，在屏幕上的间隔为 2DIV，当扫描时间因数为 1mS/DIV 时，则周期 T 是：$T = 1mS/DIV \times 2.0DIV = 2.0ms$；

频率 f 是：$f = 1/T = 1/2.0 = 500$（Hz）。

（当扩展 ×10 按钮按下时，TIME/DIV 开关的读数要乘以 1/10）。

4）时间差的测量

如无特殊说明时间差一般是指两信号半幅点之间的时间间隔。

触发信号源为测量两信号之间的时间差提供选择基准信号。假如输入的两脉冲信号如图 1－31（a）所示，图 1－31（b）是 Y_1 作为触发信号源的波形，图 1－31（c）是 Y_2 作为触发信号源的波形。

若测量的 Y_1 信号滞后于 Y_1 与 Y_2 信号时间间隙，则以 Y_1 信号作为触发信号；反之以 Y_2 信号作为触发信号源。也就是说，测量 Y_1 与 Y_2 的时间间隔时，选择相位超前的信号作为触发信号。否则被测波形的部分波形有时会超出屏幕。另外，使屏幕上显示的两信号波形幅度相等或者重叠。

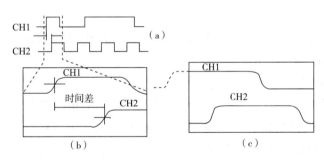

图 1－31　脉冲信号图

第八节　电工技术实验装置

一、主要技术指标

1. DY011 三相、单相电源及控制

（1）工作电压：由电网供电，三相四线制，380V ±10%，电源频率 50Hz ±1Hz。

（2）电源功率：<0.5kVA。

（3）工作环境：温度 – 10 ~ + 40℃

相对湿度不大于85%（25℃）。

（4）整机外形尺寸：1550mm×730mm×1580mm。

（5）质量：约150kg。

（6）绝缘电阻：大于5MΩ。

（7）漏电保护：三相、单相输出漏电动作电流不大于30mA，动作时间不大于0.1s。

2. DY02 交流可变电源、固定交流电源

（1）交流可变电源0 ~ 250V，0.5kVA，连续可调。

（2）固定交流电源220/0 – 6 – 12 – 14 – 16 – 20 – 24 ±15%，15W。

3. DY031 双路直流可调电源

两路0 ~ 30V 三档，连续可调，电压调整率<1%，电流 I 不大于500mA，A 纹波系数小于50mV，短路保护并报警，故障排除字恢复。

4. DY04 恒压源、恒流源

恒压源：+5V ±1% ≤1A；　　　　　　电压调整率≤1%；

　　　　+12V ±1% ≤500mA；　　　　纹波系数 <50mV；

　　　　– 12V ±1% ≤500mA；　　　　恒流源：提供0 ~ 500mA 的电流。

5. DG05N 函数信号发生器、综合信号源

1）函数信号发生器

波形选择：正弦波、三角波、方波、正向或负向脉冲波、正向或负向锯齿波。

频率范围：0.1Hz ~ 5MHz（DF1642A）；0.1Hz ~ 2MHz（DF1641A）分7档。

方波前沿：DF1641A 小于100ns；DF1642A 小于50ns。

正弦波：失真　　　10Hz ~ 100kHz　　　　　不大于1%

　　　　频率响应　0.1Hz ~ 100kHz　　　　　不大于0.5dB

　　　　　　　　　100kHz ~ 5MHz（DF1642A）　不大于 ±1dB

　　　　　　　　　100kHz ~ 2MHz（DF1641A）　不大于 ±1dB

频率计：测量范围　1Hz ~ 10MHz；　　输入阻抗　不小于1MΩ/20pF

　　　　灵敏度　　100mVrms；　　　　最大输入　150V（AC + DC）（带衰减器）

　　　　输入衰减　20dB；　　　　　　测量误差　不大于 3×10^{-5} ±1 个字

输出：阻抗　　50Ω ±10%；　　　　幅度　　　不小于20V_{P-P}（空载）

　　　　衰减　　20dB、40dB　　　　直流偏置　0 ~ ±10V，连续可调

2）TTL/CMOS 输出

电平：TTL 脉冲波低电平不大于0.4V，高电平不小于3.5V；

COMS 脉冲波低电平不大于0.5V，高电平5 ~ 14V 连续可调。

上升时间：不大于100ns。

3）VCF 输入

输入电压：$-5V \sim 0V$（$\pm 10\%$）；

最大压控比：1000：1；

输入信号：DC ~ 1kHz。

4）电源适应范围

电压：220V $\pm$ 10%；

频率：50Hz $\pm$ 2Hz；

功率：10VA。

二、组成及功用

1. 实验工作台

工作台是三相四线制供电，经 1.5mm² 四芯电缆和三相插头与电网相连，插向电网之前请注意地线 N 要接对，火线三相也应接对。本实验装置为安全起见，交流 220V 和 380V 试验挂箱均采用护套插座和连线，避免触电。

2. 实验控制屏

1）电源及信号源　DY011 三相、单相电源及控制

本系统三相交流电源、单相交流电源是来自电网的三相电，供该系统的三相电为三相四线制，由三相四线制电源插头接入。配有实验台总电源切断的空气开关，其输出为三相 380V 和三相 220V。至于输出是 380V 还是 220V 由电压选择开关选择。电源输出通过"启动"、"停止"按钮控制。三相交流输出及单相交流输出要经过钥匙开关和漏电保护开关。其供电控制流程见图 1-32。

从流程图可明确地看出：

①在首次供电时关掉电源及信号源的电源开关后，将核对好的地线火线的三相插头插到电网供电的电源插座上。

②拨动实验台左侧的空气开关向上，用三用表测实验台两侧的单相 220V 插座上应用电。

③启动实验台 DY011 上的"启动"按钮，DY011 上方的电源指示灯"红黄绿"亮，与此同时隔离变压器也供电了。

④拨动电压选择开关，左方电压指示为三相 380V，中间是空档指示电压为 0，右方电压指示为 220V。

⑤顺时针旋动三相钥匙开关，U、V、W 应有电（LED 发光二极管亮），其值视电压选择 380V 或 220V 而定，注意在电压选择和 U、V、W 输出之间有漏电保护。

⑥向上拨动左测 220V 空气开关。

⑦顺时针旋动单相钥匙开关，这时 LN 应有电（220V），LED 发光二极管亮。

如突发事件需要立刻停电，可按 DY011 上红色停止按钮，电工台除插座有电外，其他都停电。如若电工台全停电，拨动三相空气开关向下。

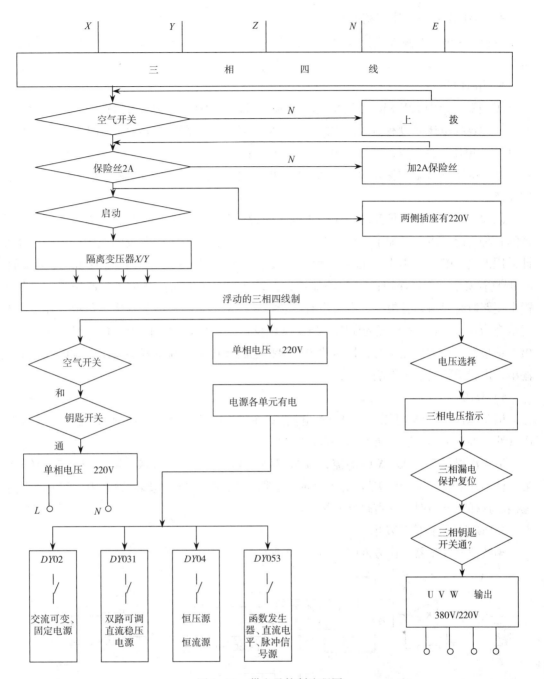

图1-32 供电及控制流程图

2）DY02可变交流、固定交流电源

可变交流是由单相0.5kVA的自耦变压器提供0~250V连续可调电源，由指针式仪表指示。

固定交流电源是由15W变压器提供的固定交流电压为0-6-12-14-16-20-24V。使用前请将大黑纽反时针旋转使其指示为6V。固定交流源反时针旋转使其指示为6V。

3）DY031 双路直流可调电源

两路 0～30V 可调直流稳压电源，分为三档：0～10V、0～20V、0～30V，每档连续可调。

使用时应注意：

①当取三档中 10V 档时，其稳定输出为 0～11V，如超出 10V，其输出虽然可达到 20V 左右，但这样电压是没有负载能力的，其纹波系数较大。所以电压选择 10V，其稳压值在 0～12V；电压选择 20V，其稳压值在 0～22V；电压选择 30V，其稳压值在 0～30V。

②DY031 面板上的保险丝标明 0.5A，如按此保险丝值，有大电流充电改为 1A，请特别注意。

③关于输出电流保护问题。作为本电源的设计是可以到输出 1A 的能力，但考虑实验者的各种情况，本电源加了输出短路保护，但对于完成电工实验台没问题的。由于电路设计采用的是 LM317 稳压块，该稳压块内部设置了四种保护：a. 过流保护；b. 过压保护；c. 调整管安全工作区保护；d. 短路保护，在设计时力图加保护并加了声音报警，可是在输出短路时有时有声音报警，有时没有声音报警，但不管哪种情况发生，指示表在短路时指示都为 0。发生这种情况的原因：当稳压块没达到保护值时，由于增加的保护作用，发出声音报警；在输出短路时，稳压块内部保护电路起作用，调整管不输出电流而截止电流输出，声音报警自然不能响。

4）DY04 恒压源、恒流源

恒压源提供 +5V 电压（小于 1A 电流）；+12V 电压（小于 500mA 电流）；-12V 电压（小于 500mA 电流）。具有短路保护。

恒流源提供 0～500mA 的电流，分为三档。第一档为 0～5mA，第二档为 0～50mA，第三档为 0～500mA。在调节时，0～5mA 选第一档，0～50mA 选第二档，0～500mA 选第三档。这样在调节时可获得较好效果。

3. DG05N 函数信号发生器

函数信号发生器工作方框图如图 1-33 所示。

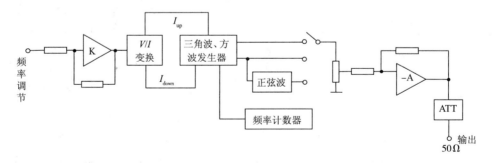

图 1-33　函数信号发生器工作方框图

波形选择：正弦波、三角波、方波、正向或负向脉冲波、正向或负向锯齿波。

频率范围：0.1Hz～5MHz（DF1642A）；0.1Hz～2MHz（DF1641A）分七档。

频率计数器：测量范围 1Hz ~ 10MHz。电路主要由宽带放大器、方波整形器、单片机、LED 显示器等组成。当频率计数器工作处于"外测"状态时，外来信号经放大整形后输入计数器，最后显示在 LED 数码管上；当频率计数器工作处于"内测"状态时，信号直接输入计数器，计数闸门时间、LED 管小数点位置及"Hz"或"kHz"选择由 CPU 确定。

输出：阻抗　　　　$50\Omega \pm 10\%$；　　　　幅度　　　　不小于 $20V_{P-P}$（空载）

　　　　衰减　　　　20dB、40dB　　　　直流偏置　　　$0 \sim \pm 10V$，连续可调

TTL/CMOS 输出电平：TTL 脉冲波低电平不大于 0.4V，高电平不小于 3.5V；

COMS 脉冲波低电平不大于 0.5V，高电平 5 ~ 14V 连续可调。

电源：采用 $\pm 23V$、$\pm 17V$ 和 $\pm 5V$ 三组电源，$\pm 17V$ 电源为主稳压电源，$\pm 5V$ 由三端式稳压集成电路 7805 获得，供频率计使用，$\pm 23V$ 电源供功放使用。

信号发生器的面板标志说明及功能见图 1-34。

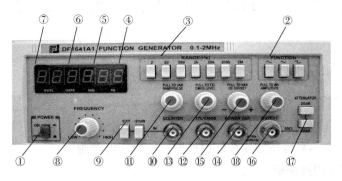

图 1-34　信号发生器的面板标志

①电源开关：按下开关，电源接通。

②FUNCTION：波形选择。输出波形选择；与 SYM、INV 配合可得到正、负向锯齿波和脉冲波。

③频率选择开关：与"8"配合选择工作频率。

④Hz：频率单位。指示频率单位，灯亮有效。

⑤kHz：频率单位。指示频率单位，灯亮有效。

⑥GATE：闸门显示。此灯闪烁，说明频率计正在工作。

⑦数字 LED：所有内部产生频率或外测时的频率由此 6 个 LED 显示。

⑧FREQ：频率调节。与"3"配合选择工作频率。

⑨EXT：外接输入衰减。频率计内测和外测频率（按下）信号选择；外测频率信号衰减选择，按下时信号衰减 20dB。

⑩COUNTER：计数器输入。外测频率时，信号从此输入。

⑪PULL TO VAR RAMP/PULSE：斜波、脉冲波调节旋钮。拉出此旋钮，可以改变输出波形的对称性，产生斜波、脉冲波且占空比可调，将此旋钮推进则为对称波形。

⑫TTL/CMOS OUT：TTL/CMOS 输出。输出波形为 TTL/CMOS 脉冲可作同步信号。

⑬PULL TO TTL CMOS LEVEL：TTL、CMOS 调节。拉出此旋钮可得 TTL 脉冲波，将

此旋钮推进为 CMOS 脉冲波并且其幅度可调。

⑭PORER OUT：输出频率范围为 0.1Hz ~ 200kHz 的脉冲信号。

⑮PULL TO VAR

DC OFFSET：直流偏置调节旋钮。拉出此旋钮可设定波形的直流工作点，顺时针方向为正，逆时针方向为负，将此旋钮推进则直流电流为零。

⑯OUT PUT：信号输出。输出波形由此输出，阻抗为 50Ω。

⑰ATTENUATOR：输出衰减。按下按钮可产生 - 20dB 或 - 40dB 衰减。

⑱PULL TO INV：斜波倒置开关幅度调节旋钮。与"11"配合使用，拉出时波形反向；调节输出幅度大小。

第九节 THD - 4 型数字电路实验箱

一、组成和使用

1. 实验箱的供电

实验箱的后方设有带保险丝管（1A）的 220V 单相三芯电源插座（配有三芯插头电源线一根）。箱内设有一只降压变压器，供四路直流稳压电源用。

2. 单面敷铜印刷线路板

一块大型（430mm × 320mm）单面敷铜印刷线路板，正面印有清晰的各部件、元器件的图形、线条和字符；反面则是其相应的印刷线路板图。该板上包含着以下各部分内容：

1）带灯电源总开关

控制实验箱的总电源。

2）集成电路插座

高性能双列直插式圆脚集成电路插座 14 只（其中 40P 1 只、28P 1 只、20P 1 只、16P 6 只、14P 3 只、8P 2 只）。

3）400 多只高可靠的锁紧式、防转、叠插式插座

它们与集成电路插座、镀银针管座以及其他固定器件、线路等已在印刷线路板反面（敷铜面）连接好。正面板上有黑线条连接的地方，表示反面已接好。这类插件采用直插弹性结构，其插头与插座之间的导电接触面很大，接触电阻及其微小（接触电阻 ≤ 0.003Ω，使用寿命 >10000 次以上），同时插头与插头之间可以叠插，从而可形成一个立体布线空间，使用起来极为方便。

4）电子器件插座

200 多根镀银长（15mm）紫铜针管插座，供实验时接插小型电位器、电阻、电容、三极管及其他电子器件之用（它们与相应的锁紧插座已在印刷线路板反面连通）。

5）数码显示部分

4组 BCD 码七段译码器 CD4511 与相应的共阴 LED 数码显示管，它们的相应管脚在印刷线路板反面已连接好。只要接通 +5V 直流电源，并在每一位译码器的四个输入端 A、B、C、D 处加入四位 0000 ~ 1001 之间的代码，数码管即相应的显示出 0、1、2、3、4、5、6、7、8、9 的十进制数字。

6）十五位逻辑电平开关及相应的输出插口

开启 +5V 电源后，当开关拨向"高"侧，则输出呈现高电平；当开关拨向"低"侧，则输出呈现低电平。

7）十五位逻辑电平输入及显示

开启 +5V 电源后，当输入接高电平时，对应的 LED 发光二极管点亮；输入低电平时，则熄灭。

8）低频正弦信号发生器

低频正弦信号发生器是由单片集成函数信号发生芯片 XR - 2206 及外围电路、功率放大电路等组成。输出频率范围为 30Hz ~ 1kHz，幅度峰峰值为 0 ~ 5V。两个电位器旋钮用于输出信号的"幅度调节"（右）和"频率调节"（左）。

9）连续脉冲源

开启 +5V 电源后，在输出口将输出连续的幅度为 3.5V 的方波脉冲信号。其输出频率由"频率选择"开关和"频率调节"旋钮进行调节，并有 LED 发光二极管指示。当频段选择开关置于 1Hz 档时，LED 发光指示灯应按 1Hz 左右的频率闪亮。

10）单次脉冲源

开启 +5V 电源后，每按一次单次脉冲按键，在其输出口分别送出一个正、负单次脉冲信号并分别有 LED 发光二极管指示。

11）三态逻辑笔

开启 +5V 电源后，将被测的逻辑电平信号接入输出插口，三个 LED 发光二极管即告知被测信号的逻辑电平的高低。"H"亮表示为高电平（ >2.4V），"L"亮表示为低电平（ <0.6V），"R"亮表示为高阻态或电平处于 0.6 ~ 2.4V 的不高不低的电平值。

12）直流稳压电源

提供 ±5V、0.5A 和 ±15V、0.5A 四路直流稳压电源，每路均有短路保护自恢复功能，其中 +5V 具有短路声光报警。四路电源均有相应的输出插座及 LED 发光二极管指示。只要开启电源分开关，就有相应的 ±5V 和 ±15V 输出。

另外还设有供实验用的报警指示两路（LED 发光二极管指示和声响电路指示各一路），继电器一只，复位按钮两只，10K 多圈精密电位器一只，100K 碳膜电位器一只，电容若干，32768Hz 晶振一只，并附有充足的实验专用连接导线一套。

本实验板上还装有一块 $166 \times 55 \text{mm}^2$ 的面包板，以保留传统面包板的优点。另外，还有五只双排插座，便于各功能块与面包板的连接。

二、使用注意事项

（1）用前应先检查各电源是否正常。

①先关闭实验箱的所有电源开关（置关端），然后用随箱的三芯电源线接通实验箱的 220V 交流电源。

②开启实验箱上的电源总开关（置开端），则开关指示灯亮。

③开启两组直流稳压电源开关（置开端），则与 ±5V 和 ±15V 相对应的四只 LED 发光二极管应点亮，此时与连续脉冲源输出口相接的 LED 发光二极管点亮，并可输出连续脉冲信号。单次脉冲源部分的"绿"发光二极管应点亮。按下按键，则"绿"灯灭，"红"灯亮。至此，表明实验箱的电源及信号输出均属正常，可以进入实验。

（2）接线前务必熟悉实验板上各组件、元器件的功能及其接线位置，特别要熟知各集成块插脚引线的排列方式及接线位置。

（3）接线完毕，检查无误后，再插入相应的集成电路芯片才可通电。只有在断电后方可插拔集成芯片，严禁带电插拔集成芯片。

（4）实验始终，实验板上要保持整洁，不可随意放置杂物，特别是导电的工具和多余的导线等，以免发生短路等故障。

（5）本实验箱上的各档直流电源及脉冲信号源设计时仅供实验使用，一般不外接其他负载或电路，如作它用，则要注意使用的负载不能超出本电源的使用范围。

（6）实验板上标有 $\boxed{+5V}$ 处，是指实验时须用导线将 +5V 的直流电源引入该处，是电源 +5V 的输入插口。标有 +5V 处，则是 +5V 电源的输出插口。

（7）实验完毕，应及时关闭各电源开关（置关端），并及时清理实验板面，整理好连接导线并放置规定的位置。

第十节　THM-1型模拟电路实验箱

一、组成和使用

（1）实验箱的供电。实验箱的后方设有带保险丝管（0.5A）的 220V 单相交流电源三芯插座（配有三芯插头电源线一根）。箱内设有两只降压变压器，供五路直流稳压电源及为实验提供多组低压交流电源。

（2）一块大型（430mm×320mm）单面敷铜印刷线路板，正面印有清晰的各部件、元器件的图形、线条和字符；反面则是装接其相应的实际元器件。该板上包含着以下各部分内容：

①正面左上方装有电源总开关（POWER，ON/OFF）及电源指示灯各一只。

②高性能双列直插式圆脚集成电路插座 4 只（其中 40P 1 只、14P 1 只、8P 2 只）。

③400 多只高可靠的锁紧式、防转、叠插式插座。它们与集成电路插座、镀银针管座以及其他固定器件、线路的连接等已在印刷线路板反面（敷铜面）连接好。正面板上有黑线条连接的器件，表示反面已经装上器件并接通。

这类插件采用直插弹性结构，其插头与插座之间的导电接触面很大，接触电阻极其微小（接触电阻≤0.003Ω，使用寿命＞10000次以上），在插头插入时略加旋转后，即可获得极大的轴向锁紧力，拔出时，只要沿反方向略加旋转即可轻松拔出，同时插头与插头之间可以叠插。从而可形成一个立体布线空间，使用起来极为方便。

④400多根镀银长（15mm）紫铜针管插座，供实验时接插小型电位器、电阻、电容、三极管及其他电子器件之用（它们与相应的锁紧插座已在印刷线路板反面连通）。

⑤板的反面都已装接着与正面丝印相对应的电子元器件（如三端集成稳压块7815、7915、LM317各1只；晶体三极管3DG6 3只、3DG12 2只、3CG12 1只以及场效应管3DJ6F、可控硅2P4M、BCR、二极管、稳压管2CW231、2CW54、整流桥堆、功率电阻、电容等元器件）。

⑥装有两只多圈可调的精密电位器（1kΩ和10kΩ各一只）及其他电器，如峰鸣器（BUZZ），12V信号灯，发光二极管（LED），扬声器（0.25W，8Ω），振荡线圈，复位按钮和小型纽子开关等等。

⑦精度为1mA，内阻为100Ω的直流毫安表一只，该表可作为器件使用。

⑧由单独一只降压变压器为实验提供低压交流电源，在直流电源左上方的锁紧插座处输出6V、10V、14V及两路17V低压交流电源（AC50Hz）。只要开启电源开关，就可输出相应的电压值。

⑨直流稳压电源（DC SOURCE）直流电源：提供±5V、0.5A，±12V、0.5A四路直流稳压电源，每路均有短路保护自恢复功能，其中±12V具有短路报警指示功能。有相应的电源输出插座及相应的LED发光二极管指示。只要开启电源分开关ON/OFF，应有相应的±5V和±12V输出。

⑩直流信号源：提供两路−5～+5V直流可调直流信号。只要开启直流信号源分开关ON/OFF，两路就有相应的−5～+5V直流可调信号输出。

⑪提供一路1.3～18V可调直流稳压电源。

（3）主板上设有可装、卸固定线路实验小板的固定脚四只，配有共射极单管放大器、负反馈放大器实验板、射极跟随器实验板、RC正弦波振荡器实验板、差动放大器实验板及OTL功率放大器实验板共五块，可采用固定线路及灵活组合进行实验，这样开实验更加灵活方便。

二、使用注意事项

（1）使用前应先检查各电源是否正常，检查步骤为：

①先闭实验箱的所有电源开关（置OFF端），然后用随箱的三芯电源线接通实验箱的220V交流电源。

②开启实验箱上的电源总开关Power（置ON端），则开关指示灯亮。

③开启直流电源的三组开关（置ON端），则与±5V和±12V相对应的四只LED发光二极管应点亮，1.3～18V可调电源的LED发光二极管则同时点亮。

④用多用表交流低压档（<25V 档量程）分别测量 AC50Hz 6V、10V、14V 的锁紧插座对"0"交流电压，是否一致，再检查两处 17V 是否正常。

（2）接线前务必熟悉实验板上各元器件的功能、参数及其接线位置，特别要熟知各集成块插脚引线的排列方式及接线位置。

（3）实验接线前，必须先断开总电源与各分电源开关，严禁带电接线。

（4）接线完毕，检查无误后，再插入相应的集成电路芯片才可通电。只有在断电后方可插拔集成芯片，严禁带电插拔集成芯片。

（5）实验始终，实验板上要保持整洁，不可随意放置杂物，特别是导电的工具和多余的导线等，以免发生短路等故障。

（6）本实验箱上的各档直流电源及信号源设计时仅供实验使用，一般不外接其他负载或电路，如作它用，则要注意使用的负载不能超出本电源及信号的使用范围。

（7）实验完毕，应及时关闭各电源开关（置 OFF 端），并及时清理实验板面，整理好连接导线并放置规定的位置。

（8）实验时须用到外部交流供电的仪器，如示波器等，这些仪器的外壳应可靠接地。

第二章 电路基础实验

一、实验目的

（1）研究电阻元件和直流电源的伏安特性及其测定方法。

（2）学习直流仪表设备的使用方法。

二、实验原理

1. 独立电源和电阻元件的伏安特性

独立电源和电阻元件的伏安特性可以用电压表、电流表测定，称为伏安测量法（伏安表法）。伏安表法原理简单，测量方便，同时适用于非线性元件伏安特性测量。

2. 理想电压源的伏安特性

理想电压源的内阻 R_S 为零，其端电压 $U_S(t)$ 是确定的时间函数，与流过电源的电流大小无关。如果 $U_S(t)$ 不随时间变化，则该电压源称为直流理想电压源 U_S，其伏安特性曲线如图 2-1 中实线 a 所示，实际电源的伏安特性曲线如图 2-1 中虚线 b 所示，它可以用一个理想电压源 U_S 和电阻 R_S 相串联的电路模型来表示，如图 2-2 所示。显然 R_S 越大，图 2-1 中的角 θ 也越大，其正切的绝对值代表实际电源的内阻 R_S。

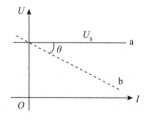

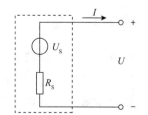

图 2-1 电压源伏安特性曲线　　　　图 2-2 电压源电路模型

3. 理想电流源的伏安特性

理想电流源向负载提供的电流 $I_S(t)$ 是确定的函数，与电源的端电压大小无关。如果 $I_S(t)$ 不随时间变化，该电流源为直流理想电流源 I_S，其伏安特性曲线如图 2-3 中实线 a 所示。实际电源的伏安特性曲线如图 2-3 中虚线 b 所示，它可以用一个理想电流源 I_S

和电导 G_s 相并联的电路模型来表示，如图 2-4 所示。显然，G_s 越大，图 2-3 中的 θ 角也越大，其正切的绝对值代表实际电源的电导值 G_s。

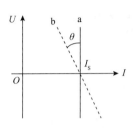

图 2-3　电流源伏安特性曲线

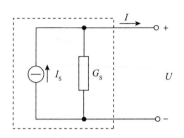

图 2-4　电流源电路模型

4. 电阻元件的特性

电阻元件可以用该元件两端的电压 U 与流过元件的电流 I 的关系来表征。即满足于欧姆定律：

$$R = \frac{U}{I}$$

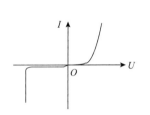

图 2-5　晶体二极管的伏安特性曲线

在 $U-I$ 坐标平面上，线性电阻的特性曲线是一条通过原点的直线。

5. 非线性电阻元件的电压、电流关系

它们的关系不能用欧姆定律来表示，它的伏安特性一般为曲线。图 2-5 给出的是晶体二极管的伏安特性曲线。

三、实验设备

1. 电工实验装置

DG012T　　　　DY031　　　　DG05-1

2. 万用表

四、实验内容与步骤

1. 白炽灯（6.3V）的伏安特性

按图 2-6 接线，电流表接线时使用电流插孔，图中 100Ω 为限流电阻。将电源电压调至 0V，然后按表 2-1 调整电压，将读取的电压、电流数据填入表 2-1 中。

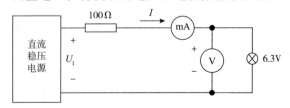

图 2-6　白炽灯的伏安特性测试电路

表 2-1 白炽灯（6.3V）的伏安特性

U/V	0	0.2	0.4	0.6	0.8	2	5	6.3
I/mA								

2. 理想电压源的伏安特性

按图 2-7 接线，电流表接线时使用电流插孔，图中 100Ω 为限流电阻。接线前调稳压电源 $U_s = 10\text{V}$。按表 2-2改变 R 数值（将可调电阻与电路断开后调整 R 值），记录相应的电压值与电流值于表 2-2 中。

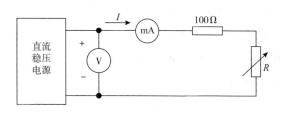

图 2-7 理想电压源伏安特性测试电路

表 2-2 理想电压源的伏安特性

R/kΩ	∞	1.0	0.5	0.3	0.2	0.1
U/V						
I/mA						

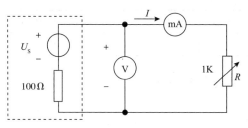

图 2-8 实际电压源的伏安特性测试电路

3. 实际电压源的伏安特性

按图 2-8 接线。接线前调稳压电源 $U_s = 10\text{V}$。按表 2-3 改变 R 数值（将可调电阻与电路断开后调整），记录相应的电压值与电流值于表 2-3 中。

表 2-3 实际电压源的伏安特性

R/kΩ	∞	1.0	0.5	0.3	0.2	0.1
U/V						
I/mA						

4. 线性电阻的伏安特性

按图 2-9 接线。按表 2-4 改变直流稳压电源的电压 U_s，测定相应的电流值和电压值记录于表 2-4 中。

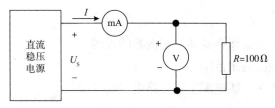

图 2-9 线性电阻的伏安特性测试电路

表 2-4　线性电阻的伏安特性

U_S/V	0	2	4	6	8	10
U/V						
I/mA						

5. 二极管伏安特性

将直流稳压电源的输出调至 0V 后按图 2-10 接线，实验中注意正向时二极管端电压在 0~0.7V，其中电流不超过 20mA，图 2-10 中 200Ω 的电阻为限流电阻。调整输入电压使二极管两端电压与表 2-5 相符，将电流测试值填入表 2-5 中。

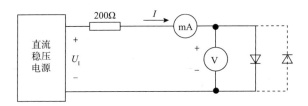

图 2-10　二极管伏安特性测试电路

表 2-5　二极管伏安特性

U/V	0	0.40	0.45	0.50	0.55	0.60	0.65	0.70	0.72	0.75
I/mA										

作反向实验时，可将二极管反接，调电压 1~5V 观察实验现象。

五、实验报告

（1）根据测量数据，在坐标纸上按比例绘出各伏安特性曲线。

（2）根据实验结果，归纳总结被测各元件的特性。

（3）误差分析。

（4）收获及其他。

实验二　基尔霍夫定律和叠加原理的验证

一、实验目的

（1）加深对基尔霍夫定律和叠加原理内容的理解。

（2）了解叠加原理的适用范围。

（3）掌握用电流插头、插座测量各支路电流的方法。

二、实验原理

（1）基尔霍夫定律是集总电路的基本定律，它包括电流定律和电压定律。

①基尔霍夫电流定律（KCL）　在集总电路中，任何时刻，对任一节点，所有支路电流的代数和恒等于零，即：

$$\sum I = 0$$

②基尔霍夫电压定律（KVL）　在集总电路中，任何时刻，沿任一回路内所有支路或元件电压代数和恒等于零，即：

$$\sum U = 0$$

（2）叠加原理是线性电路的一个重要定理。叠加定理指出：在多个对立电源共同作用的线性电路中，通过每一个元件的电流或其两端的电压，可以看成是由每一个独立电源单独作用时在该元件上所产生的电流或电压的代数和。

三、实验设备

1. 电工实验装置

DG012T　　　　DY031　　　DG05 – 1

2. 万用表

四、实验内容与步骤

1. 基尔霍夫定律的验证

（1）按图 2-11 接线，其中 I_1、I_2、I_3 是电流插口，K_1、K_2 是双刀双掷开关。

（2）先将 K_1、K_2 合向短路线一边，调节稳压电源，使 $U_{S1} = 10V$，$U_{S2} = 6V$，（用 DG054 – 1T 的 20V 直流电压表来分别测量 DY031TTT 的输出电压）。

（3）将 K_1、K_2 合向电源一边，按表 2-6 和表 2-7 中给出的各参量进行测量并记录，验证基尔霍夫定律。

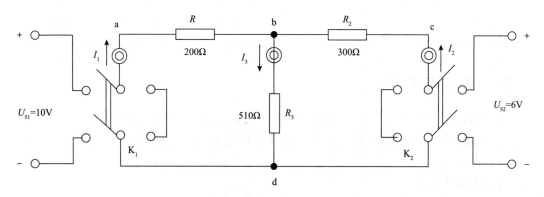

图 2-11　电路接线图

表 2-6 基尔霍夫电流定律

项目	I_1/mA	I_2/mA	I_3/mA	验证节点 b：$\Sigma I = 0$
计算值				
测量值				

表 2-7 基尔霍夫电压定律

项目	U_{ab}/V	U_{bc}/V	U_{bd}/V	U_{da}/V	U_{cd}/V	验证 $\Sigma U = 0$	
						回路 abcda	回路 abda
计算值							
测量值							

2. 叠加定理的验证

实验电路接线图如图 2-11 所示。

（1）把 K_2 掷向短路线一边，K_1 掷向电源一边，使 U_{S1} 单独作用，测量各电流、电压并记录于表 2-8 中。

（2）把 K_1 掷向短路线一边，K_2 掷向电源一边，使 U_{S2} 单独作用，测量各电流、电压并记录在表 2-8 中。

（3）两电源共同作用时的数据在实验步骤 1 中取值。

表 2-8 叠加原理

项目		I_1/mA	I_2/mA	I_3/mA	U_{ab}/V	U_{bc}/V	U_{bd}/V	
U_{S1} 单独作用	计算值							
	测量值							
U_{S2} 单独作用	计算值							
	测量值							
U_{S1}、U_{S2} 共同作用	计算值							
	测量值							
验证叠加原理	计算值							
	测量值							

五、实验报告

（1）用表 2-6 和表 2-7 中实验测得数据验证基尔霍夫定律和叠加原理。

（2）根据图 2-11 给定参数，计算表 2-8 中所列各项并与实验结果进行比较。

（3）误差分析。

（4）收获及其他。

实验三 戴维南定理及功率传输最大条件

一、实验目的

（1）用实验方法验证戴维南定理的正确性。

（2）学习线性有源二端网络等效电路参数的测量方法。

（3）验证功率传输最大条件。

二、实验原理

1. 戴维南定理

任何一个线性有源二端网络，对外部电路而言，总可以用一个理想电压源和一个电阻的串联来等效代替，其中理想电压源的电压等于有源二端网络的开路电压 U_{OC}，其电阻等于原网络中所有独立电源置零时的等效电阻 R_0。线性有源二端网络的戴维南等效电路如图 2-12 所示。

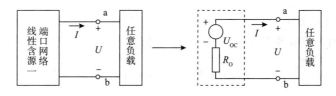

图 2-12 线性有源二端网络的戴维南等效电路

2. 等效电阻 R_0

对于已知的线性有源二端网络，其等效电阻 R_0 可以从原网络计算得出，也可以通过实验手段测出。下面介绍几种测量方法。

1）开路电压、短路电流法

由戴维南定理和诺顿定理可知：

$$R_0 = \frac{U_{OC}}{I_{SC}}$$

因此，只要测出有源二端网络的开路电压 U_{OC} 和短路电流 I_{SC}，R_0 就可得出，这种方法最简便。但是，对于不允许将外部电路直接短路的网络（例如有可能因短路电流过大而损坏网络内部的器件时），不能采用此法。

2）负载法

测出有源二端网络的开路电压 U_{OC} 以后，在端口处接一负载电阻 R_L，然后再测出负载电阻的端电压 U_{RL}，因为：

$$U_{RL} = \frac{U_{OC}}{R_0 + R_L} R_L$$

则有源二端网络的等效电阻为：

$$R_0 = \left(\frac{U_{OC}}{U_{RL}} - 1 \right) R_L$$

3）外加电压、电流法

令有源一端口网络中的所有独立电源置零，然后在端口处加一给定电压 U，测得流入端口的电流 I，如图 2−13（a）所示。则：

$$R_0 = \frac{U}{I}$$

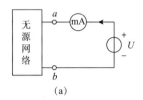 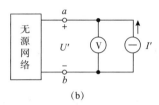

(a)   (b)

图 2−13 外加给定电压、电流法

也可以在端口处接入电流源 I'，测得端口电压 U'，如图 2−13（b）所示，则：

$$R_0 = \frac{U'}{I'}$$

3. 功率传输最大条件

一个含有内阻 r_0 的电源给 R_L 供电，其功率为：

$$P = I^2 \cdot R_L = \left(\frac{E_0}{R_L + r_0} \right)^2 \cdot R_L$$

为求得 R_L 从电源中获得最大功率的最佳值，可以将功率 P 对 R_L 求导，并令其导数等于零：

$$\frac{\mathrm{d}P}{\mathrm{d}R_L} = \frac{(r_0 + R_L)^2 - 2(r_0 + R_L) R_L}{(r_0 + R_L)^4} \cdot E_0^2$$

$$= \frac{r_0^2 - R_L^2}{(r_0 + R_L)^4} \cdot E_0^2 = 0$$

解得：

$$R_L = r_0$$

最大功率为：

$$P_{max} = \left(\frac{E_0}{r_0 + R_L} \right)^2 R_L = \frac{E_0^2}{4 r_0}$$

即负载电阻 R_L 从电源中获得最大功率条件是负载电阻 R_L 等于电源内阻 r_0。

三、实验设备

1. 电工实验装置

DG012T   DY031   DG05−1

2. 万用表

四、实验内容与步骤

1. 线性有源二端网络的外特性

按图 2-14 接线，改变电阻 R_L 值，测量对应的电流和电压值，数据填在表 2-9 中。

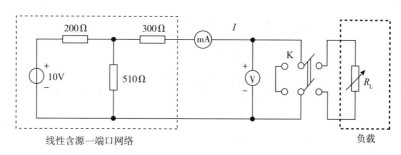

图 2-14 线性有源二端网络的外特性电路图

表 2-9 线性有源二端网络的外特性

R_L/Ω	$0_{短路}$	100	200	300	400	500	700	800	$\infty_{开路}$
I/mA									
U/V									

2. 求开路电压 U_{OC} 和短路电流 I_{SC} 求等效电阻 R_0

利用原理中介绍的三种方法之一求 R_0，并将结果填入表 2-10 中，方法（1）和方法（2）的数据在表 2-9 中取，方法（3）实验线路如图 2-15 所示。

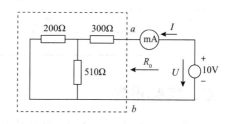

图 2-15 等效电阻 R_0 测试电路

表 2-10 开路电压 U_{OC} 和等效电阻 R_0

开路电压 U_{OC}/V			
	1	2	3
方法	$R_0 = \dfrac{U_{OC}}{I_{SC}}$	$R_0 = \left(\dfrac{U_{OC}}{U} - 1\right)_{R_L}$	$U = (\quad)\ V,\ I = (\quad)\ mA$ $R_0 = \dfrac{U}{I}$
$R_0/k\Omega$			

注：表中 U_{OC} 为开路电压，I_{SC} 为短路电流。

3. 戴维南等效电路

利用图 2-15 构成戴维南等效电路如图 2-16 所示，其中 U_{OC} 和 R_0 采用表 2-10 的实验结果。

测量其外特性 $U = f(I)$，将数据填在表 2-11 中。

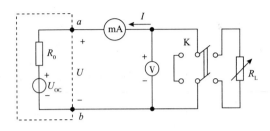

图 2-16　戴维南等效电路

表 2-11　戴维南等效电路

R_L/Ω	0 短路	100	200	300	400	500	700	800	∞ 开路
I/mA									
U/V									
P/mW									

4. 最大功率传输条件

测量最大功率。将数据填在表 2-12 中。（填入 UI 乘积最大时所对应的 R_L、I、U 值）。

表 2-12　最大功率

R_L/Ω	U/V	I/mA	P_{max}/mW

五、实验报告

（1）根据表 2-9 和表 2-10 测量结果，做它们的外特性曲线 $U=f(I)$，并分析比较，验证戴维南定理得正确性。

（2）根据实验结果说明负载获得最大功率的条件是什么？

（3）误差分析。

（4）收获及其他。

实验四　电压源与电流源的等效变换

一、实验目的

（1）加深理解电压源、电流源的概念。

（2）掌握电源外特性的测试方法。

（3）验证电压源与电流源等效变换的条件。

二、实验原理

1. 电压源

电压源是有源元件，可分为理想电压源与实际电压源。理想电压源在一定的电流范围内，具有很小的电阻，它的输出电压不因负载而改变。而实际电压源的端电压随着电流变化而变化，即它具有一定的内阻值。理想电压源与实际电压源以及它们的伏安特性如图 2-17 所示（参阅实验一的内容）。

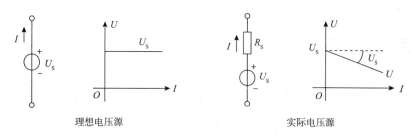

图 2-17　理想电压源与实际电压源的伏安特性

2. 电流源

电流源是有源元件，电流源分为理想电流源和实际电流源。理想电流源的电流是恒定的，不因外电路不同而改变。实际电流源的电流与所联接的电路有关。当其端电压增高时，通过外电路的电流要降低，端压越低通过外电路的电流越大。实际电流源可以用一个理想电流源和一个内阻 R_s 并联来表示，图 2-18 为两种电流源的伏安特性。

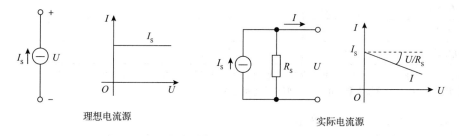

图 2-18　理想电流源和实际电流源的伏安特性

3. 电源的等效变换

一个实际电源，尤其对外部特性来讲，可以看成为一个电压源，也可看成为一个电流源。两者是等效的，其中 $I_s = U_s/R_s$ 或 $U_s = I_s R_s$。

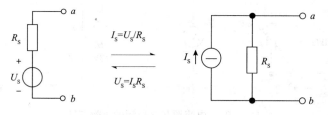

图 2-19　电源的等效变换

图 2-19 为等效变换电路，由式中可以看出它可以很方便地把一个参数为 U_S 和 R_S 的电压源变换为一个参数为 I_S 和 R_S 的等效电流源。同时可知理想电压源与理想电流源两者之间不存在等效变换的条件。

三、实验设备

1. 电工实验装置

DG012T   DY031   DG05 - 1   DY04

2. 万用表

四、实验内容与步骤

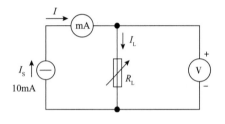

图 2-20　理想电流源的伏安特性

1. 理想电流源的伏安特性

（1）按图 2-20 接线，毫安表接线使用电流插孔，R_L 使用 1kΩ 电位器。

（2）调节恒流源输出，使 I_S 为 10mA。

（3）按表 2-13 调整 R_L 值，观察并记录电流表、电压表读数变化。将测试结果填入表 2-13 中。

表 2-13　理想电流源

R_L/Ω	0	200	300	510	1K
I_S/mA					
U/V					
伏安特性					

说明：实际工作中，理想电流源并不存在，从上面的实验数据中可看出，当负载电阻 $R_L > 510\Omega$ 时 I_S 开始下降，即：仅当 $R_L < 510\Omega$ 时，可将实验台电流源近似看成为恒流源。

2. 电流源与电压源的等效变换

按照等效变换的条件，图 2-21（a）中电流源可以方便地变换为（b）中电压源，其中 $U_S = I_S R_S = 10mA \times 1k\Omega = 10V$，内阻 R_S 仍为 1kΩ，按表 2-14 调整 R_L 值，将测试结果填入表 2-14 中，验证其等效互换性。

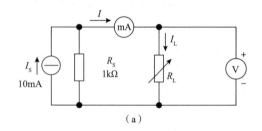

（a）

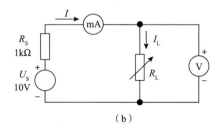

（b）

图 2-21　电流源与电压源的等效变换

表 2-14　电流源与电压源的等效变换

R_L/Ω	0	200	300	510	1K
I_L/mA					
U/V					
电流源的伏安特性					
R_L/Ω	0	200	300	510	1K
I_L/mA					
U/V					
电压源的伏安特性					

五、实验报告

（1）根据测试数据绘出各电源的伏安特性曲线。

（2）比较两电源互换后的结果。

（3）验证电源等效变换的条件。

（4）误差分析。

（5）收获及其他。

实验五　受控源特性的研究

一、实验目的

（1）加深对受控源概念的理解。

（2）测试 VCVS、VCCS 或 CCVS、CCCS 的外特性及其转移特性，加深对受控源的受控特性及负载特性的认识和理解。

二、实验原理

1. 受控源

根据控制量与受控量电压或电流的不同，受控源有四种：

电压控制电压源（VCVS）　　电压控制电流源（VCCS）　　电流控制电压源（CCVS）

电流控制电流源（CCCS）

其电路模型如图 2-22 所示。

2. 四种受控源的转移函数参量的定义

1）电压控制电压源（VCVS）

$U_2 = f(U_1)$，$\mu = U_2/U_1$ 称为转移电压比（或电压增益）。

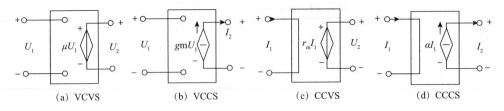

(a) VCVS   (b) VCCS   (c) CCVS   (d) CCCS

图 2-22　四种受控源的电路模型

2）电压控制电流源（VCCS）

$I_2 = f(U_1)$，$g_m = I_2/U_1$ 称为转移电导。

3）电流控制电压源（CCVS）

$U_2 = f(I_1)$，$r_m = U_2/I_1$ 称为转移电阻。

4）电流控制电流源（CCCS）

$I_2 = f(I_1)$，$\alpha = I_2/I_1$ 称为转移电流比（或电流增益）。

三、实验设备

1. 电工实验装置

DG012T   DY031   DG05 – 1   DY04

2. 万用表

四、实验内容与步骤

将 DG02 试验箱和 DY04 电源板的 ±12V 偏置电压及地线接好。

1. 受控源 VCVS 的转移特性 $U_2 = f(U_1)$ 及外特性 $U_2 = f(I_L)$

1）接线

按图 2-23 接线，R_L 取 2kΩ。

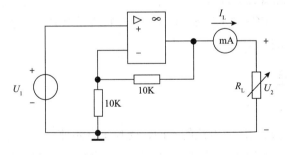

图 2-23　VCVS 的测试电路

2）测量转移特性

按表 2-15 调节稳压电源输出电压 U_1，测量 U_1 及相应的 U_2 值，填入表 2-15 中。

3）绘制曲线

绘制 $U_2 = f(U_1)$ 曲线，并由其线性部分求出转移电压比 μ。

表 2-15 VCVS 的转移特性

U_1/V	0	1	2	3	4	5
U_2/V						
计算 μ						

4）测量外特性

保持 $U_1 = 2V$，按表 2-16 调节 R_L 值，测量 U_2、I_L 值，填入表 2-16 中，并绘制 $U_2 = f$（I_L）曲线。

表 2-16 VCVS 的外特性

$R_L/k\Omega$	0	1	2	10	30	100	∞ 开路
U_2/V							
I_L/mA							

2. 受控源 VCCS 的转移特性 $I_L = f$（U_1）及外特性 $I_L = f$（U_2）

（1）按图 2-24 接线，R_L 取 2kΩ。

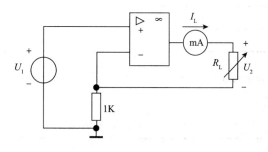

图 2-24 VCCS 的测试电路

（2）按表 2-17 调节稳压电源输出电压 U_1，测量 U_1 及相应的 I_L 值，填入表 2-17 中。

（3）绘制 $I_L = f$（U_1）曲线，由其线性部分求出转移电导 g_m。

表 2-17 VCCS 的转移特性

U_1/V	0	0.5	1	1.5	2	2.5	3	3.5	4
I_L/mA									
计算 g_m									

（4）保持 $U_1 = 4V$，按表 2-18 调节 R_L 值，测量 I_L、U_2 值，填入表 2-18 中，并绘制 $I_L = f$（U_2）曲线。

表 2-18 VCCS 的外特性

$R_L/k\Omega$	0	1	2	3	4	5
I_L/mA						
U_2/V						

3. CCVS 的转移特性 $U_2 = f(I_1)$ 及外特性 $U_2 = f(I_L)$

（1）按图 2-25 接线，I_S 为可调恒流源，R_L 取 $2k\Omega$。

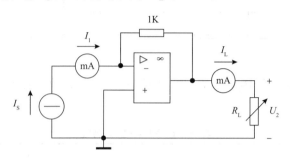

图 2-25　CCVS 的测试电路

（2）按表 2-19 调节恒流源输出电流 I_S，测量 I_S 及相应的 U_2 值，填入表 2-19 中。

（3）绘制转移特性曲线 $U_2 = f(I_S)$，由线性部分求出转移电阻 r_m。

表 2-19　CCVS 的转移特性

I_S/mA	0	0.8	1.2	1.6	2.0
U_2/V					
计算 r_m					

（4）$I_S = 1mA$，按表 2-20 调整 R_L，测量 U_2 及 I_L 值，填入表 2-20 中。并绘制负载特性曲线 $U_2 = f(I_L)$。

表 2-20　CCVS 的外特性

R_L/kΩ	1	2	10	30	100	∞
U_2/V						
I_L/mA						

4. 受控源 CCCS 的转移特性 $I_L = f(I_1)$ 及外特性 $I_L = f(U_2)$。

（1）按图 2-26 接线，I_S 为可调恒流源，R_L 取 $2k\Omega$。

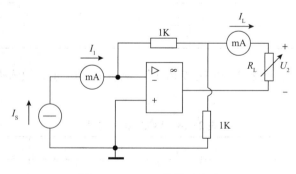

图 2-26　CCCS 的测试电路

（2）按表 2-21 调节恒流源的输出电流 I_S，测量相应的 I_L 值，填入表 2-21 中。

（3）绘制 $I_L = f(I_{S1})$ 曲线，并由其线性部分求出转移电流比 α。

表 2-21 CCCS 的转移特性

I_S/mA	0	0.2	0.4	0.6	0.8	1
I_L/mA						
计算 α						

（4）$I_S = 0.4mA$，按表 2-22 调整 R_L，测量 I_L 及 U_2 值，填入表 2-29 中。并绘制负载特性曲线 $I_L = f(U_2)$ 曲线。

表 2-22 CCCS 的外特性

$R_L/k\Omega$	0	1	5	10	16	30
I_L/mA						
U_2/V						

五、实验报告

（1）根据实验数据，在方格纸上分别画出四种受控源的转移特性和负载特性曲线，并求出相应的转移参量。

（2）对实验结果作合理分析和结论，总结对四种受控源的认识和理解。

（3）收获及其他。

实验六　简单 RC 电路的过渡过程

一、实验目的

（1）研究 RC 电路在零输入、阶跃激励和方波激励情况下，响应的基本规律和特点。

（2）学习用示波器观察分析电路的响应。

二、实验原理

（1）一阶 RC 电路对阶跃激励的零状态响应就是直流电源经电阻 R 向 C 充电。对于图 2-27 所示的一阶电路，当 $t=0$ 时开关 K 由位置 2 转到位置 1，由方程：

$$U_C + R_C \frac{dU_C}{dt} = U_S \quad (t \geqslant 0)$$

初始值：$U_C(0-) = 0$

可以得出电容和电流随时间变化的规律：

$$U_C\ (t)\ =U_S\ (1-e^{-\frac{t}{\tau}})\qquad (t\geqslant 0)$$

$$i\ (t)\ =\frac{U_S}{R}e^{-\frac{t}{\tau}}\qquad (t\geqslant 0)$$

上述式子表明，零状态响应是输入的线性函数。其中 $\tau=RC$，具有时间的量纲，称为时间常数，它是反映电路过渡过程快慢程度的物理量。τ 越大，暂态响应所待续的时间越长即过渡过程时间越长。反之，τ 越小，过渡过程的时间越短。

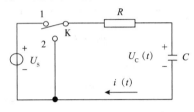

图 2-27　一阶电路

（2）电路在无激励情况下，由储能元件的初始状态引起的响应称为零输入响应。即电容器的初始电压经电阻 R 放电。在图 2-27 中，让开关 K 于位置 1，使初始值 $U_C\ (0-)\ =U_0$，再将开关 K 转到位置 2。电容器放电由方程：

$$U_C+R_C\frac{\mathrm{d}U_C}{\mathrm{d}t}=0\qquad (t\geqslant 0)$$

可以得出电容器上的电压和电流随时间变化的规律：

$$U_C\ (t)\ =U_C\ (0-)\ e^{-\frac{t}{\tau}}\qquad (t\geqslant 0)$$

$$U_C\ (t)\ =-\frac{U_C\ (0-)\ e^{-\frac{t}{\tau}}}{R}\qquad (t\geqslant 0)$$

（3）对于 RC 电路的方波响应，在电路的时间常数远小于方波周期时，可以视为零状态响应和零输入响应的多次过程。方波的前沿相当于给电路一个阶跃输入，其响应就是零状态响应，方波的后沿相当于在电容具有初始值 $U_C\ (0-)$ 时把电源用短路置换，电路响应转换为零输入响应。

由于方波是周期信号，可以用普通示波器显示出稳定的图形，以便于定量分析。本实验采用的方波信号的频率为 1000Hz。

三、仪器设备

1. 电工技术实验装置

DY031　　　　DY05N　　　　DG012T　　　　DG05-1　　　　DY04

2. 示波器 V-252T

四、实验内容与步骤

1. RC 电路充电

（1）按图 2-28 接线。将 DY04 电源和 DG012T 板上的电压表和秒表的电源开关接通。

（2）首先将开关扳向 3，使电容放电，电压表显示为 0.0。

（3）将开关置于停止位上 2，按清零按钮使秒表置零。

（4）将开关扳向 1 位开始计时，当电压表指示的电容电压 U_C 达到表 2-23 中所规定的某一数值时，将开关置于 2 点（中间点），用秒表记下时间填在表 2-23 中，然后开关置于 1 点，重复上述实验并记下各时间。

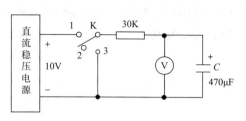

图 2-28 RC 电路充电

注意：开关断开的时间尽量要短，否则电容放电将造成电容两端的电压下降。

表 2-23 RC 电路充电

U_C/V	5	6.3	8.7	9.5	9.8	9.9
充电时间 t_1/s						
注：近似 τ 值	—	1τ	2τ	3τ	4τ	5τ

2. RC 电路放电

将电容充电至 10V 电压，按清零按钮使秒表置零，将开关 K 置于 3 点，方法同上。数据记在表 2-24 中。

表 2-24 RC 电路放电

U_C/V	5	3.7	1.4	0.5	0.2	0.1
放电时间 t_2/s						
注：近似 τ 值	—	1τ	2τ	3τ	4τ	5τ

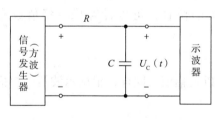

图 2-29 RC 电路放电

3. 用示波器观察 RC 电路的方波响应

（1）按图 2-29 接线。

（2）调整信号发生器，使之产生 1kHz、$V_{p-p} = 2V$ 的稳定方波。

（3）按表 2-25 情况选取不同的 R 值、C 值。

（4）用示波器观察 $U_C(t)$ 和 U_R 波形的变化情况，并将其描绘下来。

表 2-25 RC 电路的方波响应

$C/\mu F$	$R/k\Omega$	波形	说明
0.01	10		绘制 $U_C(t)$ 波形
0.47	10		绘制 $U_C(t)$ 波形
0.01	1		绘制 U_R 波形

五、实验报告

（1）用坐标纸描绘出电容充电及放电过程。

（2）把用示波器观察到的各种波形画在坐标纸上，并做出必要的说明。

（3）收获及其他。

实验七　典型信号的观察与测量

一、实验目的

（1）学习示波器的基本使用方法，掌握示波器主要旋钮的使用功能。

（2）掌握函数发生器各旋钮、开关的作用及其使用方法。

（3）学习用示波器观察、测量信号的波形、周期及幅度。

二、实验原理

示波器种类很多，根据不同的使用方法与结构有许多种类型，例如：单踪、双踪、四踪示波器；普通示波器；超低频、高频示波器；模拟示波器、数字示波器等。

示波器不仅可以在电测量方面被广泛应用，配上不同的传感器，在声音、震动、噪声、温度、压力等方面也广泛使用。

1. 正弦信号的测量

正弦波的主要参数为周期或频率，用示波器可以观察其幅值（或峰－峰值）。通过示波器扫描时间旋钮（S/DIV），也就是扫描时间选择开关的位置，可计算出其周期。通过 Y 轴输入电压灵敏度（V/DIV）选择开关的位置，可以计算峰－峰值或有效值。

2. 方波信号的测量

方波脉冲信号的主要波形参数为周期，脉冲宽度以及幅值。同样，根据示波器的扫描时间与输入电压选择开关测量其上述参数。

三、实验设备

1. 电工技术实验装置

2. 示波器

四、实验内容与步骤

本实验用普通示波器，测量正弦波与方波的信号。

1. 正弦波

正弦波主要参数如图 2-30 所示。图中 U_{P-P} 为峰-峰值，T 为周期。

由函数发生器输出 1V（有效值）频率为 100Hz、1kHz 的正弦波信号分别进行测量，将测量结果按标尺画出，并标明扫描时间与电压灵敏度旋钮的位置。

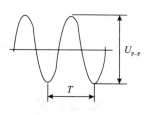

图 2-30　正弦波主要参数

表 2-26　正弦波形测绘

函数发生器（正弦波）	示波器		
	波形	U_{P-P}	T
1V、100Hz			
1V、1kHz			

2. 方波

由函数发生器输出 3V 的方波信号，频率分别为 1kHz、2kHz 的信号，主要参数如图 2-31 所示（图中 P 为脉宽、U 为幅值、T 为周期），实验步骤同上。

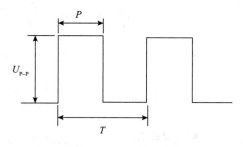

图 2-31　方波主要参数

表 2-27　方波测绘

函数发生器（方波）	示波器			
	波形	U_{P-P}	P	T
3V、1kHz				
3V、2kHz				

五、实验报告

（1）按示波器的标尺绘出观察的波形。

（2）根据两个主要旋钮的位置，计算周期与幅值。

（3）计算正弦信号幅值方法，能否用交流毫伏表测量方波的幅值，为什么？

（4）收获及其他。

实验八　交流电路的研究及参数的测定

一、实验目的

（1）学习使用交流仪表、调压器、功率表。

（2）学习用交流电压表、交流电流表和功率表测量元件的交流等效参数。

（3）验证交流电路中，相量形式的基尔霍夫定律。

二、实验原理

（1）交流电路中，元件的阻抗值可以用交流电压表，交流电流表和功率表测出两端的电压 U，流过的电流 I 和它所消耗的有功功率 P 之后，再通过计算得出，这种测定交流参数的方法称为三表法。三表法是用以测量 50Hz 交流电流参数的基本方法。

其关系式为：

阻抗的模：$|Z| = \dfrac{U}{I}$　　　　功率因数：$\cos\phi = \dfrac{P}{UI}$

等效电阻：$R = \dfrac{P}{I^2} = |Z|\cos\phi$　　　等效电抗：$X = |Z|\sin\phi$

如被测元件是一个线圈，则：$R = Z\cos\phi$，$L = \dfrac{X_L}{\omega} = \dfrac{|Z|\sin\phi}{\omega}$；

如被测元件是一个电容器，则：$R = Z\cos\phi$，$C = \dfrac{1}{\omega X C} = \dfrac{1}{\omega|Z|\sin\phi}$。

（2）当正弦电流通过电阻、电感和电容串联电路时，电路两端电压等于各元件上电压的相量和，即：$U = U_R + U_L + U_C = I\left[R + j\left(X_L - X_C\right)\right] = ZI$

则：
$$Z = R + j\left(X_L - X_C\right) = |Z|\angle\phi$$

其中：
$$|Z| = \sqrt{R^2 + \left(X_L - X_C\right)^2}$$
$$tg\phi = \frac{X}{R} = \frac{X_L - X_C}{R}$$

当正弦电压加于电阻、电感和电容并联电路上时，总电流等于通过各元件中电流的相量和。即：

$$I = I_R + I_L + I_C = U\left(\frac{1}{R} + j\omega c - j\frac{1}{\omega L}\right) = U\left[G - j\left(B_L - B_C\right)\right] = UY$$

则：
$$Y = G - j\left(B_L - B_C\right)$$

三、实验设备

1. 电工技术实验装置

DG032　　　　DY02　　　　DG05 - 1（T）

2. 数字万用表

四、实验内容与步骤

（1）将自耦变压器调零。按图 2 - 32 接线，智能功率表接线可不考虑同名端。被测元件可以在实验挂板上自己选择，其中电阻 R 要用 50W 电阻 100Ω（短时通电，防止过热）。电容可选 4.7μF、耐压 400V 以上，电感线圈选日光灯镇流器，按表调节自耦变压器输出电压，分别测量填入表 2 - 28 中。

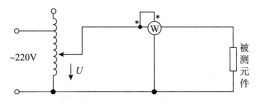

图 2 - 32　单一元件测试电路

表 2 - 28　单一元件测试数据

被测元件	测　量　值			计　算　值		
	U/V	I/A	P/W	$R/Ω$	L/mH	$C/μF$
电阻	30				—	—
	40				—	—
	50				—	—
	平　均　值				—	—
电感线圈	40					—
	80					—
	120					—
	平　均　值					—
电容器	40			—	—	
	80			—	—	
	120			—	—	
	平　均　值			—	—	

（2）将自耦变压器调零，按图 2 - 33 接线。调节电压使 $U = 50V$，按表 2 - 29 测出电流及电压值。

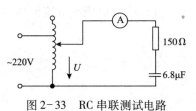

图 2 - 33　RC 串联测试电路

注意：短时通电，防止电阻过热。

表 2-29　RC 串联测试数据

U/V	U_R/V	U_C/V	I/A
50			

（3）按图 2-34 接线。调节电压使 $U=80V$，按表 2-30 测出各电流和电压值。

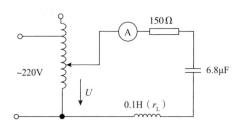

图 2-34　RLC 串联测试电路

表 2-30　RLC 串联测试数据

U/V	U_R/V	U_C/V	U_L/V	I/A
80				

（4）按图 2-35 接线。调节电压 $U=15V$，按表 2-31 测出各电压和电流值。

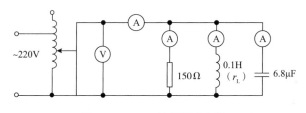

图 2-35　RLC 并联测试电路

表 2-31　RLC 并联测试数据

U/V	I_R/A	I_L/A	I_C/A	I/A
15				

五、实验报告

（1）根据实验步骤（1）中各测量数据，分别计算各元件的等值参数。

（2）根据实验步骤（2）～（4）中实验数据，画出各相量图。

（3）计算实验步骤（2）～（4）中各电压或电流值与实验数据相比较并分析误差。

（4）分析误差原因。

（5）收获及其他。

实验九　日光灯及交流电路功率因数提高

一、实验目的

（1）掌握正弦交流电路中电压、电流的相量关系及通过 U、I、P 的测量计算交流电路的参数。

（2）了解日光灯电路的组成、工作原理。

（3）掌握日光灯线路的连接。

（4）学习提高功率因数的方法。

（5）掌握交流电压表、交流电流表、功率表和功率因数表的使用。

二、实验任务

（1）给出日光灯的等效电路。

（2）画出日光灯的测量电路，选择所须仪表设备。

（3）在日光灯工作时，要求测量日光灯电路电流、电源电压、灯管电压、镇流器电压以及功率、功率因数。

（4）要求将上述电路的功率因数提高到 0.90～0.95，请设计出电路和电路元件的参数。再分别测量日光灯电路电流、电源电压、灯管电压、镇流器电压以及功率、功率因数。

（5）测量日光灯的起步电压和熄灯电压（选做）。

三、实验要求

（1）预习日光灯的工作原理。

（2）到实验室调研，了解实验台的基本使用，学习交流电压表、交流电流表、功率表和功率因数表的接线和使用方法。

（3）预习有关功率因数提高的方法。

四、实验原理

1. 日光灯工作原理

日光灯结构图如图 2-36 所示，K 闭合时，日光灯管不导电，全部电压加在启辉器两触片之间，使启辉器中氖气击穿，产生气体放电，此放电产生的一定热量使双金属片受热膨胀与固定片接通，于是有电流通过日光灯管两端的灯丝和镇流器。短时间后双金属片冷却收缩与固定片断开，电路中电流突然减小；根据电磁感应定律，这时镇流器两端产生一定的感应电动势，使日光灯管两端电压产生 400～500V 高压，灯管气体电离，产生放电，日光灯点燃发亮。日光灯点燃后，灯管两端电压降为 100V 左右，这时由于镇流器的限流作用，灯管中电流不会过大。同时并联在灯管两端的启辉器，也因电压降低而不能放电，其触片保持断开状态。

日光灯工作后，灯管相当于一电阻 R，镇流器可等效为电阻 R_L 和电感 L 的串联，启辉器断开，所以整个电路可等效为一 R、L 串联电路，其电路模型如图 2-37 所示。

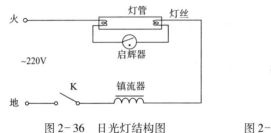

图 2-36　日光灯结构图　　　　　　图 2-37　日光灯工作原理图

2. 提高功率因数

一般来说日光灯电路的功率因数是很低的，用功率因数表直接可以测量，也可以用交流电压表，电流表及功率表，测出电路的总电压 U、电流 I 和总功率 P，则电路的功率因数可用下式计算：

$$\cos\varphi = \frac{P}{UI}$$

要提高感性负载的功率因数，可以用并联电容器的办法，使流过电容器的无功电流分量与感性负载中的无功电流分量互相补偿，减少电压和电流之间的相位差，从而提高了功率因数。假定功率因数从 $\cos\varphi$ 提高到 $\cos\varphi'$，所需并联电容器的电容值可按下式计算：

$$C = \frac{P}{\omega U^2}\left(\text{tg}\varphi - \text{tg}\varphi'\right)$$

3. 功率因数表

目前实验装置上均安装了数字多功能功率表，除可以测量功率外还可以直接测量电压、电流、功率因数等。作为功率因数表其接线方式与功率表相类似，其中电流线圈串联在电路中，电压线圈并联在被测电路的两端。

五、仪器设备

1. 电工实验装置

DG032　　　　　DY02（T）　　　　　DG05 - 1T

2. 数字万用表

六、实验内容与步骤

1. 测量交流参数

对照实验板如图 2-38 接线（不接电容 C）。

调节自耦调压器输出，使 $U = 220V$，进行测试，填表 2-32。

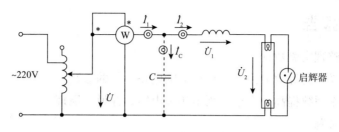

图 2-38　日光灯电路

表 2-32　日光灯电测试数据

电源电压	测 量 值				
	I_1/mA	U_1/V	U_2/V	P/W	$\cos\varphi$
220V					

2. 提高功率因数

按表 2-33 并联电容 C，令 $U=220\text{V}$ 不变，将测试结果填入表 2-33 中。

表 2-33　提高功率因数测试数据

备选电容	测 量 值				
	I_1/mA	I_2/mA	I_c/mA	P/W	$\cos\varphi$
0.68μF					
1μF					
2/2.2μF					
4/4.7μF					
6μF					
10μF					

注意事项：

①测电压、电流时，一定要注意表的档位选择，测量类型、量程都要对应。

②功率表电流线圈的电流、电压线圈的电压都不可超过所选的额定值。

③自耦调压器输入输出端不可接反。

④各支路电流要接入电流插座。

⑤注意安全，线路接好后，须经指导教师检查无误后，再接通电源。

七、思考题

（1）日光灯是如何启动的？

（2）为什么要提高功率因数？

（3）为什么要用并联电容的方法提高功率因数，串联电容行不行？

（4）分析功率因数变化对负载的影响。

（5）试讨论并上电容 $C=5\mu\text{F}$ 及 $C=7\mu\text{F}$ 以后，$\cos\varphi$ 有什么变化。

八、实验报告

（1）列表，整理实验数据。

（2）画出日光灯的等效电路，计算相关的电路元件的参数。

（3）总结功率因数提高的方法，画出相关电路，并说明原理。

（4）回答思考题。

（5）分析日光灯的起步电压和熄灯电压（选做）。

（6）收获及其他。

实验十　RLC 串联谐振电路

一、实验目的

（1）加深对串联谐振电路特性的理解。

（2）学习测定 RLC 串联谐振电路的频率特性曲线。

二、实验原理

1. 谐振频率

RLC 串联电路的阻抗是电源角频率 ω 的函数，

即：

$$Z = R + j\left(\omega L - \frac{1}{\omega C}\right) = |Z| \angle \phi$$

当 $\omega L - \dfrac{1}{\omega C} = 0$ 时，电路处于串联谐振状态：

谐振角频率为：

$$\omega_0 = \frac{1}{\sqrt{LC}}$$

谐振频率为：

$$f_0 = \frac{1}{2\pi \sqrt{LC}}$$

显然，谐振频率仅与 L、C 的数值有关，而与电阻 R 和激励电源的角频率 ω 无关。

2. 电路谐振时的特性

（1）由于回路总电抗 $X_0 = \left(\omega_0 L - \dfrac{1}{\omega_0 C}\right) = 0$，因此，回路阻抗 Z_0 为最小值，整个电路相当于纯电阻电路，激励源的电压与回路的响应电流同相位。

（2）由于感抗 $\omega_0 L$ 与容抗 $\dfrac{1}{\omega_0 C}$ 相等，所以，电感上的电压 U_L 与电容上的电压 U_C 数值相等，相位相差 $180°$。电感上的电压（或电容上的电压）与激励电压之比称为品质因数 Q，即：

$$Q = \frac{U_{\mathrm{L}}}{U_{\mathrm{S}}} = \frac{U_{\mathrm{C}}}{U_{\mathrm{S}}} = \frac{\omega_0 L}{R} = \frac{\frac{1}{\omega_0 C}}{R} = \frac{\sqrt{\frac{L}{C}}}{R}$$

在 L 和 C 为定值的条件下，Q 值仅仅决定于回路电阻 R 的大小。

（3）在激励电压值（有效值）不变的情况下，回路中的电流 $I = \dfrac{U_{\mathrm{S}}}{R}$ 为最大值。

3. 串联谐振电路的频率特性

回路的响应电流与激励电源的角频率的关系称为电流的幅频特性（表明其关系的图形为串联谐振曲线），表达式：

$$I_{(\omega)} = \frac{U_{\mathrm{S}}}{\sqrt{R^2 + \left(\omega L - \dfrac{1}{\omega C}\right)^2}} = \frac{U_{\mathrm{S}}}{R\sqrt{1 + Q^2 + \left(\dfrac{\omega}{\omega_0} - \dfrac{\omega_0}{\omega}\right)^2}}$$

当电路的 L 和 C 保持不变时，改变 R 的大小，可以得出不同 Q 值的电流的幅频特性曲线（如图 2-39）。显然，Q 值越高，曲线越尖锐。

为了反映一般情况，通过研究电流比 I/I_0 与角频率比 ω/ω_0 之间的函数关系，即所谓通用幅频特性。其表达式为：

$$\frac{I}{I_0} = \frac{1}{\sqrt{1 + Q^2 + \left(\dfrac{\omega}{\omega_0} - \dfrac{\omega_0}{\omega}\right)^2}}$$

I_0 为谐振时的回路响应电流。

图 2-39 画出了不同 Q 值时的通用幅频特性曲线。显然 Q 值越高，在一定的频率偏移下，电流比下降得越厉害。

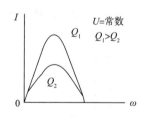 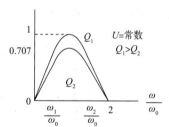

（a）不同 Q 值时电流的幅频特性曲线　　　（b）不同 Q 值时的通用幅频特性曲线

图 2-39　幅频特性曲线

幅频特性曲线可以计算得出，或用实验方法测定。

4. 谐振电路中的电压曲线：

电感电压：

$$U_{\mathrm{L}} = I \cdot \omega L = \frac{\omega_{\mathrm{L}} U_{\mathrm{S}}}{\sqrt{R^2 + \left(\omega L - \dfrac{1}{\omega C}\right)^2}}$$

电容电压：

$$U_C = I \cdot \frac{1}{\omega C} = \frac{U_S}{\omega C \sqrt{R^2 + \left(\omega L - \dfrac{1}{\omega C}\right)^2}}$$

显然，U_L 和 U_C 都是角频率 ω 的函数。$U_L(\omega)$ 和 $U_C(\omega)$ 曲线如图 2-40 所示。当 $Q > 0.707$ 时，U_C 和 U_L 才能出现峰值，U_C 的峰值出现在 $\omega_C < \omega_0$ 处，U_L 的峰值出现在 $\omega_L > \omega_0$ 处。Q 值越高，出现峰值处离 ω_0 越近。

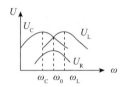

图 2-40　$U_L(\omega)$ 和 $U_C(\omega)$ 曲线

三、实验设备

1. 电工技术实验装置

| DY05N | DG012T | DG05-1 | DG02 |

2. 交流毫伏表 GVT-417B

四、实验内容与步骤

（1）测量 RLC 串联电路响应电流的幅频特性曲线和 $U_L(\omega)$、$U_C(\omega)$ 曲线。

按图 2-41 接线。输入电压请接函数信号发生器的[功率输出]，并将功率输出开关接通，保持信号发生器输出电压 $U_S = 5V$ 不变。

按表 2-34 调节频率。测量并绘制不同频率下的 U_R、U_L、U_C 的值和曲线。

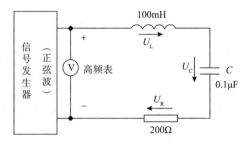

图 2-41　测试电路接线图

表 2-34　$R = 200\Omega$ 的测试数据

F/kHz							
U_R/V		0.707max		max		0.707max	
U_C/V			max				
U_L/V					max		

（2）取 $R = 510\Omega$，保持 U 和 L、C 数值不变，（即改电路 Q 值），重复上述实验，并将测试数据记录于表 2-35 中。

表 2-35　$R = 510\Omega$ 的测试数据

F/kHz							
U_R/V		0.707 max			max		0.707 max
U_C/V				max			
U_L/V						max	

五、实验报告

（1）根据实验数据，在坐标纸上绘出不同 Q 值下的通用幅频特性曲线，以及 U_C（ω）、U_L（ω）曲线。

（2）计算 Q、I_0、f_0 的数值并与实验数值相比较。

（3）根据实验结果总结 R、L、C 串联谐振电路的主要特点。

（4）收获及其他。

实验十一　　RC 选频网络特性测试

一、实验目的

（1）熟悉文氏电桥电路的结构特点及其应用。

（2）学会用高频毫伏表和示波器测定文氏电桥电路的幅频特性和相频特性。

二、实验原理

文氏电桥电路是一个 RC 的串、并联电路，如图 2-42 所示。该电路结构简单，被广泛地用于低频振荡电路中作为选频环节，可以获得很高纯度的正弦波电压。

（1）用函数信号发生器的正弦输出信号作为图 2-42 的激励信号 U_i，并保持 U_i 值不变的情况下，改变输入信号的频率 f，用交流毫伏表或示波器测出输出端相应于各个频率点下的输出电压 U_0 值，将这些数据画在以频率 f 为横轴，U_0 为纵轴的坐标纸上，用一条光滑的曲线连接这些点，该曲线就是上述电路的幅频特性曲线，如图 2-43（a）所示。

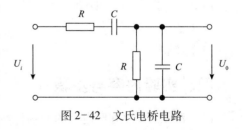

图 2-42　文氏电桥电路

文氏桥路的一个特点是其输出电压幅度不仅会随输入信号的频率而变，而且还会出现一个与输入电压同相位的最大值，如图 2-43 所示。

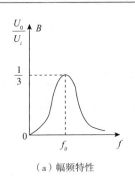
（a）幅频特性

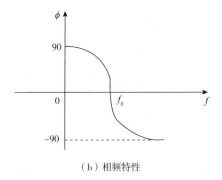
（b）相频特性

图 2-43　RC 串并联电路的特性曲线

由电路分析得知，该网络的传递函数为：

$$\beta = \frac{1}{3 + j\ (\omega RC - 1/\omega RC)}$$

当角频率 $\omega = \omega_0 = \dfrac{1}{RC}$ 即 $f = f_0 = \dfrac{1}{2\pi RC}$ 时：

$$|\beta| = \frac{U_0}{U_i} = \frac{1}{3}$$

且此时 U_0 与 U_i 同相位。f_0 称电路固有频率。由图 2-43 可见 RC 串并联电路具有带通特性。

（2）将上述电路的输入和输出分别接到双踪示波器的 Y_1 和 Y_2 两个输入端，改变输入正弦信号的频率，观测相应的输入和输出波形间的时延 τ 及信号的周期 T，则两波形间的相位差为：

$$\varphi = \frac{\tau}{T} \times 360° = \varphi_0 - \varphi_i \qquad （输出相位差与输入相位差）$$

将各个不同频率下的相位差 φ 测出，即可以绘出被测电路的相频特性曲线，如图 2-43（b）所示。

三、实验设备

1. 电工技术实验装置

DG012（T）　　　　　DY05-1（T）

2. 双踪示波器

3. 频率计

四、实验内容与步骤

（1）测量 RC 串并联电路的幅频特性：

①在实验板上按图 2-42 电路选 $R = 1\text{k}\Omega$。

②$C = 0.1\mu\text{F}$。

③调节信号源输出电压为 5V 的正弦信号。

④接入图 2-42 的输入端。

⑤按表 2-36 改变信号源的频率 f（由频率计测算得），并保持 $U_i = 2V$ 不变，测量输出电压 U_0。

表 2-36 RC 串并联电路的幅频特性（$R = 1k\Omega$，$C = 0.1\mu F$）

F/Hz							
U_0/V		0.707max		max		0.707max	
U_0/U_i							

（2）另选一组参数（如令 $R = 200\Omega$，$C = 1\mu F$）重复测量一组数据。将所测数据填入表 2-37 中。

表 2-37 RC 串并联电路的幅频特性（$R = 200\Omega$，$C = 1\mu F$）

F/Hz							
U_0/V		0.707max		max		0.707max	
U_0/U_i							

（3）测量 RC 串并联电路的相频特性。按实验原理说明的内容、方法步骤进行，选定两组电路参数进行测量，并将测量结果填入表 2-38 和表 2-39 中。

表 2-38 RC 串并联电路的频相特性（$R = 1k\Omega$，$C = 0.1\mu F$）

F/Hz							
T/ms							
（ms）							

表 2-39 RC 串并联电路的相频特性（$R = 200\Omega$，$C = 1\mu F$）

F/Hz							
T/ms							
（ms）							

五、实验报告

（1）根据实验数据绘制幅频特性和相频特性曲线。

（2）找出最大值，并与理论值比较。

（3）讨论实验结果。

（4）收获及其他。

实验十二 三相电路的研究

一、实验目的

（1）掌握三相负载作星形联接、三角形联接的方法，验证两种接法下线电压、相电压、线电流和相电流之间的关系。

（2）比较三相供电方式中三线制和四线制的特点。

（3）充分理解三相四线供电系统中中性线的作用。

（4）进一步提高分析、判断和查找故障的能力。

二、实验原理

（1）图 2-44 是星形联接三线制供电图。当线路阻抗不计时，负载的线电压等于电源的线电压，若负载对称，则负载中性 O' 和电源中性点 O 之间的电压为零。

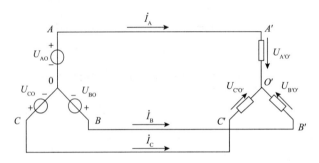

图 2-44　星形联接三线制供电图

其电压相量图如图 2-45 所示，此时负载的相电压对称，线电压 $U_{线}$ 和相电压 $U_{相}$ 满足 $U_{线} = \sqrt{3} U_{相}$ 的关系。若负载不对称，负载中性点 O' 和电源中性点 O 之间的电压不再为零，负载端的各项电压也就不再对称，其数值可由计算得出，或者通过实验测出。

（2）位形图是电压相量图的一种特殊形式，其特点是图形上的点与电路图上的点一一对应。图 2-45 是对应于图 2-44 星形联接三相电路的位形图。图中 U_{AB} 代表电路中从 A 点到 B 点的电压相量，$U_{A'O'}$ 代表电路中从 A' 点到 O' 点之间的电压相量。在三相负载对称时，位形图中负载中性点 O' 与电源中性点 O 重合。

负载不对称时，虽然线电压仍对称，但负载的相电压不再对称，负载中性点 O' 发生位移，如图 2-46 所示。

（3）在图 2-44 中，若把电源中性点和负载中性点间用中线联接起来，就成为三相四线制。在负载对称时，中线电流等于零，其工作情况与三线制相同；负载不对称时，忽略线路阻抗，则负载端相电压仍然相对称，但这时中线电流不再为零，它可由计算方法或实验方法确定。

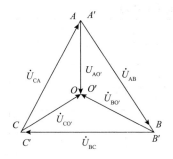

图 2-45 负载对称作星形联接时
三相电路的位形图

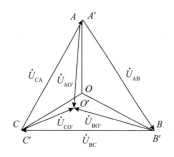

图 2-46 负载不对称作星形联接时
三相电路的位形图

（4）图 2-47 是负载作三角形联接时的供电图。若线路阻抗忽略不计时，负载的线电压等于电源的线电压，且负载端线电压 $U_{线}$ 和相电压 $U_{相}$ 相等即 $U_{线} = U_{相}$。若负载对称线电流 $I_{线}$ 与相电流 $I_{相}$ 满足 $I_{线} = \sqrt{3} I_{相}$ 的关系。

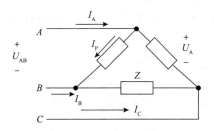

图 2-47 负载作三角形联接时的供电图

三、实验设备

1. 电工技术实验装置 SAC - DGI - 1（SAC - DGII）

DG04　　　　DY012T　　　　DG05 - 1（T）

2. 交流毫伏表 GVT - 417B

四、实验内容与步骤

（1）按图 2-48 接线。三相电源接线电压 380V，在作不对称负载实验时，在 W 相并一组灯，如图中虚线所示。按表 2-40 要求测量出各电压和电流值。

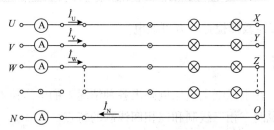

图 2-48 星形联接三相电路接线图

表 2-40　星形联接三相电路测试数据

待测数据 实验步骤		U_{UV}/V	U_{VW}/V	U_{WU}/V	U_{UX}/V	U_{VY}/V	U_{WZ}/V	U_{ON}/V	I_U/A	I_V/A	I_W/A	I_{ON}/A
负载 对称	有中线											
	无中线											
负载 不对称	有中线											
	无中线											
A 相 开路	有中线											
	无中线											
A 相 短路	无中线											

（2）按图 2-49 接线。三相电源接线电压 220V，按表 2-41 要求测量各电压、电流值，在作不对称负载实验时，在 W-Z 相并一组灯，如图中虚线所示。

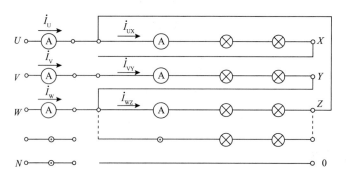

图 2-49　三角形联接三相电路接线图

表 2-41　三角形联接三相电路测试数据

负载情况	U_{UX}/V	U_{VY}/V	U_{WZ}/V	I_U/A	I_V/A	I_W/A	I_{UX}/A	I_{VY}/A	I_{WZ}/A
对称									
不对称									
U 线断线									
UX 相断线									

注意：实验线路需经教师检查，方可通电。

五、实验报告

（1）按实验数据，在坐标纸上按比例画出各种情况下的电压位形图和电流相量图。

（2）由实验结果说明三相三线制和三相四线制的特点。

（3）由实验结果分析三角形负载的电流关系。

实验十三　三相电路相序及功率的测量

一、实验目的

（1）掌握三相交流电路相序的测量方法。
（2）掌握三相交流电路功率的测量方法。
（3）熟练掌握功率表的接线和使用方法。

二、实验原理

1. 相序的测量

用一只电容器和两组灯联接成星形不对称三相
负载电路。便可测量三相电源的相序 A、B、C（或
U、V、W），如图 2-50 所示。

电容器接 A 相，由负载中点的偏移电位表达式
可知，中点电位偏移角 φ 的变化范围在 Ⅰ、Ⅱ 象限
之间，因此 $U_B > U_C$，则灯较亮的为 B 相，灯较暗
的为 C 相。相序是相对的，任何一相为 A 相时，B
相和 C 相便可确定。

2. 功率的测量

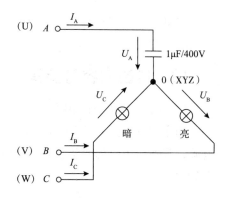

图 2-50　测量三相电源的相序

在三相四线制供电（星形联接）和三相三线制供电（角形联接）体制，可以用一只
功率表测量各相的功率，三相负载的总功率为各相负载的功率之和：$P = P_A + P_B + P_C$。实
验接线如图 2-51 所示。

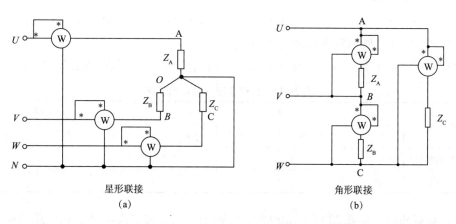

星形联接
（a）

角形联接
（b）

图 2-51　用一只表测量各相负载的功率

若负载对称，那么只需测量其中一相的功率 P_A，总功率 $P = 3P_A$。

在三相三线制供电系统中，不论负载是否对称，也不论负载是星形接法还是角形接法，均可用二表法测三相负载的总功率。线路如图2-52所示。

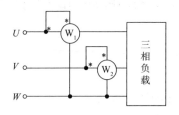

图2-52　用二表法测三相负载的总功率

三、实验设备

1. 电工技术实验装置

DG04　　　　DY012T　　　　DG05-1（T）　　　　DG032

2. 交流毫伏表 GVT-417B

四、实验内容与步骤

1. 判断三相电路的相序

相序测量如图2-50所示，白炽灯可选三相电路实验板两相对称灯。接通380V三相电源，观察两组灯的明暗状态，则灯较亮的为B相，灯较暗的为C相，测量各电压并填入表2-42中。

表2-42　相序测量

U_A/V	U_B/V	U_C/V	I_A/A	I_B/A	I_C/A	灯较亮的相

2. 三相功率的测量

（1）负载星接，接通380V三相电源，参考图2-51、图2-52，分别用三表法和二表法测三相电路功率，所测数据填入表2-43中。

（2）作不对称负载实验时，在A相并入一组白炽灯。所测数据填表2-43中。

表2-43　星形连接负载功率测量

项目	三　表　法				二　表　法		
	P_A/W	P_B/W	P_C/W	$\sum P/W$	P_1/W	P_2/W	$\sum P/W$
对称负载							
不对称负载							

（3）负载角接，接通220V三相电源，分别用三表法和二表法测三相电路功率，所测数据填入表2-44中。

（4）作不对称负载实验时，在A相并入一组白炽灯。所测数据填表2-44中。

表 2-44 三角形连接负载功率测量

项目	三 表 法				二 表 法		
	P_A/W	P_B/W	P_C/W	$\sum P/W$	P_1/W	P_2/W	$\sum P/W$
对称负载							
不对称负载							

注意事项：

①实验线路需经指导教师检查无误后通电。

②更改线路，拆、接线时要断开电源。

五、实验报告

（1）比较测量结果，并进行分析。

（2）总结三相电路功率测量的方法。

（3）收获及其他。

实验十四 互感电路

一、实验目的

（1）学会互感电路同名端、互感系数和耦合系数的测定方法。

（2）理解两个线圈相对位置的改变，以及用不同材料作线圈芯时对互感的影响。

二、实验原理

1. 判断互感线圈同名端的方法

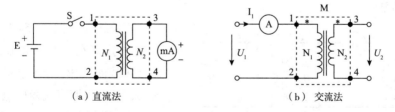

图 2-53 判断同名端判断电路图

1）直流法

如图 2-53（a）所示，当开关 S 闭合瞬间，若毫安表的指针正偏，则可断定"1"、"3"为同名端；指针反偏，则"1"、"4"为同名端。

2）交流法

如图 2-53（b）所示，将两个线圈 N_1 和 N_2 的任意两端（如 2、4 端）联在一起，在其中的一个线圈（如 N_1）两端加一个低压交流电压，另一线圈开路（如 N_2），用交流电压表分别测出端电压 U_{13}、U_{12} 和 U_{34}。若 U_{13} 是两个绕组端电压之差，则 1、3 是同名端；若 U_{13} 是两绕组端压之和，则 1、3 是异名端。

2. 两线圈互感系数 M 的测定

如图 2-53（b），在 N_1 侧施加低压交流电压 U_1、N_2 开路，测出 I_1 及 U_2，根据互感电势：

$$E_2 \approx U_{20} = MI_1\omega,$$

可算得互感系数为：

$$M = U_2/\omega I_1$$

3. 耦合系数 K 的测定

两个互感线圈耦合松紧的程度可用耦合系数 K 来表示：$K = \dfrac{M}{\sqrt{L_1 L_2}}$

如图 2-53（b），先在 N_1 侧加低压交流电压 U_1，测出 N_2 侧开路时的电流 I_1；然后再在 N_2 侧加电压 U_2，测出 N_1 侧开路时的电流 I_2，求出各自的电感 L_1 和 L_2，即可算得 K 值（线圈电阻可以用万用表测出）。

三、实验设备

1. 电工技术实验装置

DG054-1T   DG04   DY031T   DY02T   DG04   DY031T

DG054-1T   DY02T

2. 互感线圈

3. 万用表

4. 发光二极管

四、实验内容与步骤

1. 用直流法和交流法测定互感线圈的同名端

1）直流法

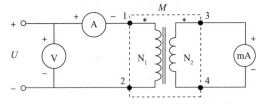

图 2-54　直流法测定互感线圈的同名端

实验线路如图 2-54 所示，将 N_1、N_2 同心式套在一起，并放入铁芯，N_1 侧（大线圈）串入 2A 量程直流数字电流表，U 为可调直流稳压电源，调至使流过 N_1 侧的电流不超过 50mA，N_2 侧直接接入 2mA 量程的毫安表。将铁芯迅速地拔出和插入，观察毫安表正、负读数的变化，来判定 N_1 和 N_2 两个线圈的同名端。或迅速接通、关断电源观察（注意插入或拔出，电源接通或断开，仪表指针的变化方向是不同的）。将实验结果填入表 2-45。

表 2-45　直流法测定互感线圈的同名端

项目	mA 表/A	同名端
插入铁芯		
拔出铁芯		

2）交流法

按图 2-55 接线，2、4 连接，将 N_1、N_2 同心式线圈套在一起，N_1（大线圈）串接电流表（选 0 ~ 2A 量程交流电流表），先接 220/36V 变压器，再接自耦调压器的输出，N_2 侧开路，并在两线圈插入铁芯。

接通电源前，首先检查自耦调压器是否调零，确认后方可接通交流电源。调节自耦变压器，使流过电流表的电流小于 50mA，用万用表测量 U_{13}、U_{12}、U_{34}，判定同名端。

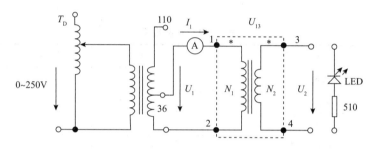

图 2-55　交流法测定互感线圈的同名端

拆去 2、4 连线，并将 2、3 相接，重复上述步骤，判定同名端，并将测量结果填入表 2-46。

表 2-46　交流法测定互感线圈的同名端

		U_{13}/V	U_{12}/V	U_{34}/V	同名端
$I=50\text{mA}$	2、4 接				
		U_{14}/V	U_{12}/V	U_{34}/V	同名端
	2、3 接				

2. 互感系数 M

拆除 2、3 连线，测 U_1、I_1、U_2，计算出 M，填入表 2-47 中。

表 2-47　互感系数 M

U_1/V	I_1/A	U_2/V	计算 M

3. 耦合系数 K

将低压交流电加在 N_2 侧，使流过 N_2 侧电流小于 0.2A，N_1 侧开路，测出 U_2、I_2、U_1

值。用万用表的 R_1 档分别测出 N_1 和 N_2 线圈的电阻值 R_1 和 R_2，计算 K 值，填入表 2-48 中。

表 2-48　藕合系数 K

U_1/V	I_2/A	U_2/V	R_1/Ω	R_2/Ω	计算 K

4. 观察互感现象

（1）铁芯从两线圈中抽出和插入，观察并记录 LED 亮度变化及各电表读数的变化。

（2）改变两线圈的相对位置，观察 LED 亮度的变化及仪表读数。

（3）用铝棒替代铁棒，重复（1）、（2）的步骤，观察 LED 的亮度变化，记录现象到表 2-49。

表 2-49　互感现象

项目	状态	U_1/V	I_1/A	U_2/V	LED
铁芯	插入				
	拔出				
铝芯	插入				
	拔出				
小线圈	拔出（含铁芯）				
	拔出（含铝芯）				

注意事项：

①为避免互感线圈因电流过大而烧毁，整个实验过程中，注意流过线圈 N_1 的电流不得超过 0.1A，流过线圈 N_2 的电流不得超过 0.1A。

②在测定同名端及其他测量数据的实验中，应将小线圈 N_2 套在大线圈 N_1 中，并插入铁芯。

③作交流实验前，首先检查自耦调压器，要保证手柄置在零位，因实验时所加的电压只有几十伏左右，因此调节时要特别仔细、小心，要随时观察电流表的读数，不得超过规定值。

五、实验报告

（1）总结对互感线圈同名端、互感系数的实验测试方法。

（2）自拟测试数据表格，完成计算任务。

（3）解释实验中观察到的互感现象。

（4）收获及其他。

<h1 style="text-align:center">实验十五　双口网络实验</h1>

一、实验目的

（1）加深理解双口网络的基本理论。

（2）掌握直流双口网络传输参数的测量技术。

二、实验原理

对于任何一个线性网络，我们所关心的往往只是输入端口和输出端口电压和电流间的相互关系，通过实验测定方法求取一个极其简单的等值双口电路来替代原网络，此即为"黑盒理论"的基本内容。

（1）一个双口网络两端口的电压和电流四个变量之间的关系，可以用多种形式的参数方程来表示。本实验采用输出口的电压 U_2 和电流 I_2 作为自变量，以输入口的电压 U_1 和电流 I_1 作为应变量，所得的方程称为双口网络的传输方程，如

图 2-56　无源线性双口网络

图 2-56 所示的无源线性双口网络（又称为四端网络）的传输方程为

$$U_1 = AU_2 + BI_2 \qquad\qquad I_1 = CU_2 + DI_2$$

式中的 A、B、C、D 为双口网络的传输参数，其值完全决定于网络拓扑结构及各支路元件的参数值，这四个参数表征了该双口网络的基本特性，它们的含义是：

$$A = \frac{U_{10}}{U_{20}} \quad （令 I_2 = 0，即输出口开路时）；$$

$$B = \frac{U_{1S}}{I_{2S}} \quad （令 U_2 = 0，即输出口短路时）；$$

$$C = \frac{I_{10}}{U_{20}} \quad （令 I_2 = 0，即输出口开路时）；$$

$$D = \frac{I_{1S}}{I_{2S}} \quad （令 U_2 = 0，即输出口短路时）。$$

由上可知，只要在网络的输入口加上电压，在两个端口同时测量其电压和电流，即可求出 A、B、C、D 四个参数，此即为双端口同时测量法。

（2）若要测量一条远距离输电线构成的双口网络，采用同时测量法就很不方便，这时可采用分别测量法，即先在输入口加电压，而将输出口开路和短路，在输入口测量电压和电流，由传输方程可得：

$$R_{10} = \frac{U_{10}}{I_{10}} = \frac{A}{C} \quad （令 I_2 = 0，即输出口开路时）；$$

$$R_{1S} = \frac{U_{1S}}{I_{1S}} = \frac{B}{D} \quad (\text{令 } U_2 = 0,\ \text{即输出口短路时})。$$

然后在输出口加电压测量，而将输入口开路和短路，此时可得：

$$R_{2O} = \frac{U_{2O}}{I_{2O}} = \frac{D}{C} \quad (\text{令 } I_1 = 0,\ \text{即输入口开路时})；$$

$$R_{2S} = \frac{U_{2S}}{I_{2S}} = \frac{B}{A} \quad (\text{令 } U_1 = 0,\ \text{即输入口短路时})$$

R_{1O}、R_{1S}、R_{2O}、R_{2S} 分别表示一个端口开路和短路时另一端口等效输入电阻，这四个参数中有三个是独立的：

$$\frac{R_{1O}}{R_{2O}} = \frac{R_{1S}}{R_{2S}} = \frac{A}{D} \quad \text{即 } AD - BC = 1$$

至此，可求出四个传输参数

$$A = \sqrt{R_{1O}/(R_{2O} - R_{2S})},\ B = R_{2S}A,\ C = A/R_{1O},\ D = R_{2O}C$$

三、实验设备

1. 电工技术实验装置 SAC – DGI – 1（SAC – DGII）

DY031　　　　DG012T

2. 万用表

四、实验内容与步骤

（1）按图 2-57 所示电路接线。

（2）将直流稳压电源的输出电压调到 10V，作为双口网络 U_{11} 的输入。

（3）同时测量两个双口网络的传输参数 A_1、B_1、C_1、D_1 和 A_2、B_2、C_2、D_2，并列出它们的传输方程（注意电流方向）。

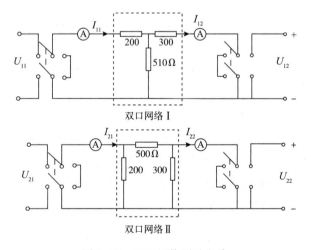

图 2-57　双口网络测试电路

表 2-50 双口网络电路测试数据

输出端开路 $I_{12}=0$	测　量　值			计　算　值	
	U_{110}/V	U_{120}/V	I_{110}/mA	A_1	C_1
输出端短路 $U_{12}=0$	U_{11S}/V	I_{11S}/mA	I_{12S}/mA	B_1	D_1
输出端开路 $I_{22}=0$	测　量　值			计　算　值	
	U_{210}/V	U_{220}/V	I_{210}/mA	A_2	C_2
输出端短路 $U_{22}=0$	U_{21S}/V	I_{21S}/mA	I_{22S}/mA	B_2	D_2

五、实验报告

（1）完成对数据表格的测量和计算任务。

（2）列写参数方程。

（3）验证级联等效双口网络的传输参数与级联的两个双口网络传输参数之间的关系。

（4）总结、归纳双口网络的测试技术。

（5）收获及其他。

实验十六　负阻抗变换器

一、实验目的

（1）加深对负阻抗概念的认识。

（2）了解负阻抗变换器的组成原理及其应用。

（3）掌握含有负阻电路的分析方法。

（4）学习负阻抗变换器的测试方法。

二、实验原理

（1）负阻抗是电路理论中一个重要基本概念，在工程实践中广泛应用。负阻抗的产生除某些线性元件（如燧道二极管）在某个电压或电流的范围内具有负阻特性外，一般都由一个有源双口网络来形成一个等值的线性负阻抗。该网络由线性集成电路或晶体管等元件组成，这样的网络称作负阻抗变换器。

按有源网络输入电压和电流与输出电压和电流的关系，可分为电流倒置型和电压倒置形两种（INIC 及 VNIC），电流倒置型电路模型（INIC）如图 2-55 所示。

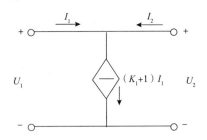

图 2-58　电流倒置型电路模型（INIC）

在理想情况下，其电压、电流关系为：

$$U_2 = U_1$$

$$I_2 = KI_1 \qquad （K \text{ 为电流增益}）$$

如果在 INIC 的输出端接上负载 Z_L，如图 2-59 所示，则它的输入阻抗 Z_1 为：

$$Z_1 = \frac{U_1}{I_1} = \frac{U_2}{I_2/K} = -KZ_L \qquad \left(\frac{U_2}{I_2} = -Z_L\right)$$

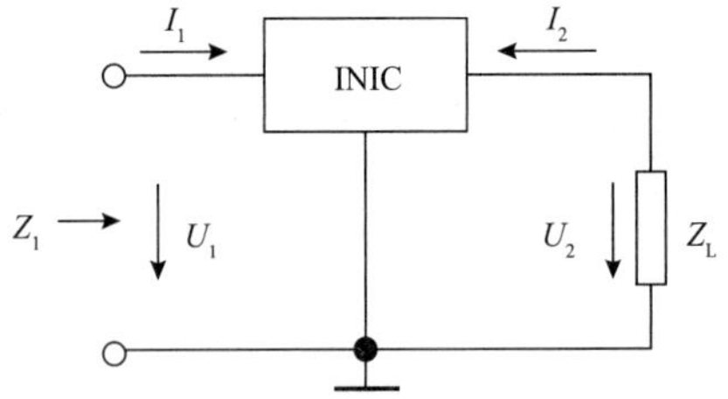

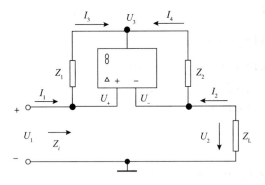

图 2-59　接有负载的电流倒置型电路模型（INIC）

（2）本实验用线性运算放大器组成如图 2-60 所示的 INIC 电路，在一定的电压、电流范围内可获得良好的线性度。

图 2-60　用线性运算放大器组成的 INIC 电路

根据运放理论可知：

$$U_1 = U+ = U- = U_2 \qquad （运放输入"虚短"）$$

$$I_1 = I_3 = -I_4 = -I_2 \qquad （运放输入不取电流）$$

$$\text{所以 } I_1 Z_1 = I_2 Z_2$$

$$Z_i = \frac{U_1}{I_1} = \frac{U_2}{I_1} = \frac{-I_2 Z_L}{\frac{Z_2}{Z_1}I_2} = -\frac{Z_1}{Z_2}Z_L = -KZ_L$$

若 $Z_1 = R_1 = 1k\Omega$、$Z_2 = R_2 = 300\Omega$ 时,则有:$K = \dfrac{Z_1}{Z_2} = \dfrac{R_1}{R_2} = \dfrac{10}{3}$;

若 $Z_L = R_L$,则:$Z_i = -KZ_L = -\dfrac{10}{3} \times R_L$;

若 $Z_L = \dfrac{1}{j\omega C}$,则:$Z_i = -KZ_L = -K\dfrac{1}{j\omega C} = Kj\omega L$ (其中,$\omega L = \dfrac{1}{\omega C}$);

若 $Z_L = j\omega L$,则:$Z_i = -KZ_L = -Kj\omega L = K\dfrac{1}{j\omega C}$ (其中,$\omega L = \dfrac{1}{\omega C}$)。

三、实验设备

1. 电工实验装置

DG02   DY031(T)   DY04   DG05-1(T)   DY05

2. 万用表

四、实验内容与步骤

(1) 负电阻的伏安特性,计算电流增益 K 及等值负阻

(2) 连接 DG02 实验板与电源 DY04 之间的 ±12V 线及地线。

(3) 按图 2-61 接线,$Z_L = 300\Omega$。

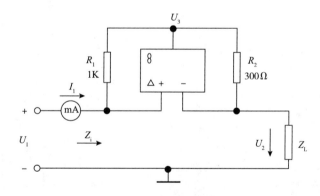

图 2-61 INIC 负阻抗电路

(4) 按表 2-51 选取 U_1 值,分别测量 INIC 的输入电压 U_1 及输入电流 I_1,将测量结果填入表 2.16.1 中。

(5) 使 $Z_L = 600\Omega$,重复上述的测量,将测量结果填入表 2-51 中。

(6) 计算等效负阻,填入表 2-51 中。

实际测量值：
$$R_- = \frac{U_1}{I_1}$$

理论计算值：
$$R'_- = -KZ'_L = \frac{10}{3} \times R_L$$

其中 K 为电流增益：
$$K = \frac{R_1}{R_2} = \frac{10}{3}$$

（7）绘制负阻的伏安特性曲线 $U_1 = f(I_1)$，填入表 2-51 中。

表 2-51　INIC 负阻抗电路的伏安特性

项目	U_1/V	0.2	0.4	0.6	0.8	1	曲线 $U_1 = f(I_1)$
$Z_L = 300\Omega$	I_1/mA						
	$R_-/k\Omega$						
$Z_L = 600\Omega$	I_1/mA						
	$R_-/k\Omega$						

五、实验报告

（1）完成计算与绘制特性曲线。

（2）解释实验现象。

（3）总结对 INIC 的认识。

（4）收获及其他。

第三章 电子线路基础实验

实验一 常用电子仪器的使用

一、实验目的

（1）学习数字示波器、函数信号发生器的基本使用方法。

（2）初步掌握用数字示波器观察各种波形和测量波形参数的方法。

二、实验原理

示波器用于观察电路中各点的波形，以监视电路是否正常工作，同时还用于测量波形的周期、幅度、相位差及观察电路的特性曲线等。数字存储示波器不但有模拟示波器的一般功能，还能对信号的各种参数进行测量、存储和运算。

1. 正弦信号的测量

正弦波的主要参数为幅值、周期或频率，测量正弦波的峰－峰值时，读出波形峰－峰值在垂直方向所占的格数 H，以及垂直刻度数 a（电压/格），则正弦波的峰－峰值为：$V_{P-P} = H \times a$，幅值 $U_a = \dfrac{U_{P-P}}{2}$，有效值 $U = \dfrac{U_m}{\sqrt{2}}$。测量周期时，读出正弦波一个周期在水平方向所占格数 L，以及水平刻度值 b（时间/格），则正弦波周期为：$T = L \times b$。

2. 方波信号的测量

方波脉冲信号的主要波形参数为周期 T，脉冲宽度 t_P 及幅值 U_m，测量方法与正弦波信号的测量相同。

三、实验设备及其使用方法

1. 实验设备

TDS1002 型数字存储示波器　　　　FG708S 函数信号发生器

2. 实验设备的使用方法

1）函数信号发生器

函数信号发生器能产生正弦波、方波、三角波和直流，输出信号的频率范围为

$100\,\mathrm{Hz} \sim 8\,\mathrm{MHz}$，振幅范围为 $0.5\,\mathrm{mV} \sim 10\,\mathrm{V_{P-P}}$。

（1）选择波形：按"功能"键选择需要的波形。

（2）调整衰减：按"Fstep/衰减"键一次，旋转盘或按箭头键选择衰减 0dB，20dB，40dB 和 60dB。

（3）调整振幅：调节"幅度"旋钮，改变输出函数振幅。按"幅度/偏量"键，显示振幅。

（4）调整频率：液晶显示无游标出现，转动转盘使游标出现。按箭头键移动游标可粗调频率，转动转盘可细调频率。

2）示波器

（1）使用"自动设置"显示波形，此时示波器自动设置垂直、水平和触发控制。如果要优化波形的显示，可手动调整上述控制。

（2）使用"测量"键，可同时查看五个选项，改变类型，能够显示波形的十一个参数：频率、周期、峰峰值、最大值、最小值、有效值、平均值、正频宽、负频宽、上升时间和下降时间。

3）示波器使用中注意事项

（1）"探头衰减"设置必须与探头实际衰减一致。

（2）波形超出了显示屏，即过量程，此时读数不准确或为"？"，调整垂直标度，以确保读数有效。

（3）信号的频率显示与右下角的频率不一致时，按"触发菜单"，改变触发信源，单通道输入时选择信号做信源，选择"触发耦合"，信号频率不高时，选择"高频抑制"，信号频率较高时，选择"低频抑制"。

（4）如果读数显示"？"，则为波形记录不完整，使用电压/格和时间/格来纠正此问题。

（5）如果信号很小只有几毫伏，则波形上叠加了噪声电压，此时波形不稳且不清晰，需按"采集"键，选择"平均"模式来减少噪声，次数越高，波形越好。

四、实验内容与步骤

1. 测量正弦波信号的参数

由函数信号发生器输出正弦波，按照表 3-1 的要求调节电压和频率，用示波器观察并分别测量其周期和峰峰值，并同时显示值记入表 3-1 中。

表 3-1　正弦波信号的参数测量

函数信号发生器显示		f	1kHz	2kHz	1kHz
		U_m	1V	2V	14mV
测量值	$V_\mathrm{P-P}$（格数×电压/格）				
	T（格数×时间/格）				

函数信号发生器显示	f	1kHz	2kHz	1kHz
	U_m	1V	2V	14mV
显示值	V_{P-P}			
	U			
	T			
计算值	U			
	f			

2. 测量方波信号的参数

由函数信号发生器输出方波，按照表3-2的要求调节电压和频率，用示波器分别测量幅值和周期，填入表3-2中。

表3-2　方波信号的参数测量

函数信号发生器显示	f	800Hz	5kHz	20kHz
	U_m	0.10V	0.5V	5V
测量值	V_{P-P}（格数×电压/格）/V			
	T（格数×时间/格）/mS			
显示值	U_m			
	T			
计算值	U_m			
	f			

五、实验报告

（1）整理实验数据。

（2）将测量值、计算值与显示值比较。

（3）分析误差原因。

（4）收获及其他。

实验二　晶体管共射极单管放大器（一）

一、实验目的

（1）掌握共射极单管放大电路的分析与设计方法。

（2）学会放大器静态工作点的调试与测量方法。

（3）掌握放大器电压放大倍数测试方法。

（4）熟悉常用电子仪器及模拟电路实验箱的使用。

二、实验原理

1. 原理简述

图 3-1 为电阻分压式静态工作点稳定放大器电路。它的偏置电路采用 R_{B1} 和 R_{B2} 组成的分压电路，并在发射极中接有电阻 R_E，以稳定放大器的静态工作点。当在放大器的输入端加入输入信号 U_i 后，在放大器的输出端得到一个与 U_i 相位相反，幅值被放大了的输出信号 U_O，从而实现了电压放大。

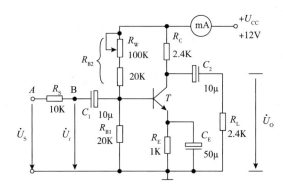

图 3-1 共射极单管放大器

2. 静态参数分析

在图 3-1 电路中，当流过偏置电阻 R_{B1} 和 R_{B2} 的电流远大于晶体管 T 的基极电流 I_B 时（一般 5~10 倍），则它的静态工作点可用下式估算：

$$U_B \approx \frac{R_{B1}}{R_{B1} + R_{B2}} U_{CC}$$

$$I_E \approx \frac{U_B - U_{BE}}{R_E} \approx (1 + \beta) I_B$$

$$U_{CB} = U_{CC} - I_C (R_C + R_E)$$

3. 动态参数分析

电压放大倍数：

$$A_V = -\beta \frac{R_C // R_L}{r_{be}}$$

三、实验设备

1. 函数信号发生器

2. 双踪示波器

3. 交流毫伏表

4. 数字万用电表

5. 电阻器、导线若干

四、实验内容与步骤

实验电路如图 3-3 所示。各电子仪器可按常用电子仪器使用的实验中所介绍的方式连接，为防止干扰，各仪器的公共端必须连在一起。同时，信号源、交流毫伏表和示波器的引线应采用专用电缆线或屏蔽线，如使用屏蔽线，则屏蔽线的外包金属网应接在公共接地端上。

1. 静态工作点的测量

放大器的静态参数是指输入信号为零时的 I_B、I_C、U_{BE} 和 U_{CE}。测量放大器的静态工作点，应在输入信号 $U_i=0$ 的情况下进行，即将放大器输入端与地端短接，然后选用量程合适的直流电压表，分别测量晶体管的各电极对地的电位 U_B、U_C 和 U_E，然后算出 I_C 的方法，例如，只要测出 U_E，即可用

$$I_E \approx I_E = \frac{U_E}{R_E} \text{ 算出 } I_C \text{（也可根据 } I_C = \frac{U_{CC} - U_C}{R_C}, \text{ 由 } U_C \text{ 确定 } I_C\text{）}$$

同时也能算出 $U_{BE} = U_B - U_E, U_{CE} = U_C - U_E$。为了减小误差，提高测量精度，应选用内阻较高的直流电压表。

接通直流电源前，先将 R_W 调至最大，函数信号发生器输出旋钮旋至零。接通 +12V 电源、调节 R_W，使 $U_E=2.0\text{V}$（即 $I_C=2.0\text{mA}$），用数字万用表测量 U_B、U_E、U_C 的值记入表 3-3 中，根据测量值计算 R_{B2}、U_{BE}、U_{CE} 和 I_C 的值。

表 3-3　静态工作点的测量（$U_E=2.0\text{V}$）

测　量　值			计　算　值			
U_B/V	U_E/V	U_C/V	U_{BE}/V	U_{CE}/V	I_C/mA	$R_{B2}/\text{k}\Omega$

2. 电压放大倍数的测量

在放大器输入端加入频率为 1kHz 的正弦信号 U_S，调节函数信号发生器的输出旋钮，使放大器输入电压 $U_i \approx 10\text{mV}$。同时，用示波器观察放大器输出电压 U_0 波形，在波形不失真的条件下，用交流毫伏表测量下述两种情况下的 U_0 值，并用双踪示波器观察 U_0 和 U_i 的相位关系，最终将数据记入表 3-4 中。

表 3-4　电压放大倍数的测量（$U_E=2.0\text{V}$，$U_i=10\text{mV}$）

$R_C/\text{k}\Omega$	$R_L/\text{k}\Omega$	U_0/V	A_V（计算）	观察记录一组 U_0 和 U_i 波形
2.4	∞			
2.4	2.4			

五、实验报告

（1）整理测量结果，并把静态工作点、电压放大倍数的测量值与理论计算值比较，分析产生误差原因。

（2）总结 R_C、R_L 及静态工作点对放大器电压放大倍数的影响。

（3）分析讨论在调试过程中出现的问题。

（4）收获及其他。

实验三 晶体管共射极单管放大器（二）

一、实验目的

1. 学会放大器静态工作点的调试方法。

2. 掌握放大器输入电阻、输出电阻的测试方法。

3. 理解并观测电路元件参数对静态工作点和放大器性能的影响。

4. 熟悉常用电子仪器及模拟电路实验设备的使用。

二、实验原理

1. 原理简述

图3-2为电阻分压式静态工作点稳定放大器电路。它的偏置电路采用 R_{B1} 和 R_{B2} 组成的分压电路，并在发射极中接有电阻 R_E，以稳定放大器的静态工作点。当在放大器的输入端加入输入信号 U_i 后，在放大器的输出端便可得到一个与 U_i 相位相反，幅值被放大了的输出信号 U_0，从而实现了电压放大。

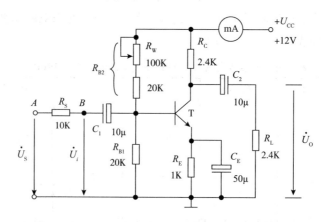

图3-2 共射极单管放大器实验电路

2. 动态参数分析

输入电阻：
$$R_i = R_{B1} // R_{B2} // r_{be}$$

输出电阻：
$$R_O \approx R_C$$

3. 输入电阻 R_i 的测量

为了测量放大器的输入电阻，按图3-3电路在被测放大器的输入端与信号源之间串入一个已知电阻 R，在放大器正常工作的情况下，用交流毫伏表测出 U_S 和 U_i，则根据输入电阻的定义可得：

$$R_i = \frac{U_i}{I_i} = \frac{U_i}{\dfrac{U_R}{R}} = \frac{U_i}{U_S - U_i} R$$

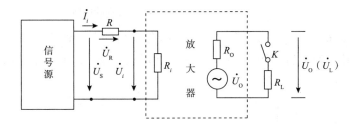

图3-3　输入、输出电阻测量电路

测量时应注意下列几点：

（1）由于电阻 R 两端没有电路公共接地点，所以测量 R 两端电压 U_R 时，必须分别测出 U_S 和 U_i，然后按 $U_R = U_S - U_i$ 计算公式求出 U_R 的值。

（2）电阻 R 的值不宜取得过大或过小，以免产生较大的测量误差，通常取 R 与 R_i 为同一数量级为好，本实验可取 $R = 1{\sim}2\text{k}\Omega$。

4. 输出电阻 R_O 的测量

按图3-3电路,在放大器正常工作条件下,测出输出端不接负载 R_L 的输出电压 U_O 和接入负载后的输出电压 U_L，根据

$$U_L = \frac{R_L}{R_O + R_L} U_O$$

即可求出：

$$R_O = \left(\frac{U_O}{U_L} - 1 \right) R_L$$

在测量中应注意,必须保持 R_L 接入前后输入信号的大小不变。

5. 观察静态工作点对输出波形失真的影响

静态工作点是否合适，对放大器的性能和输出波形都有很大影响。如工作点偏高，放大器在加入交流信号以后易产生饱和失真，此时 U_O 的负半周将被削低，如图3-4（a）所示；如工作点偏低则易产生截止失真，即 U_O 的正半周被缩顶（一般截止失真不如饱和失真明显），如图3-4（b）所示。这些情况都不符合不失真放大的要求。所以在选定工作点

以后，还必须进行动态调试，即在放大器的输入端加一定的输入电压 U_i，检查输出电压 U_0 的大小和波形是否满足要求。如不满足，则应调节静态工作点的位置。

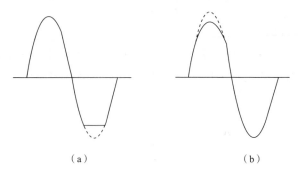

（a）　　　　　　　　　　　（b）

图 3-4　静态工作点对 U_0 波形失真的影响

改变电路参数 U_{CC}、R_C、R_B（R_{B1}、R_{B2}）都会引起静态工作点的变化，如图 3-5 所示。但通常多采用调节偏置电阻 R_{B2} 的方法来改变静态工作点，如减小 R_{B2}，则可使静态工作点提高等。

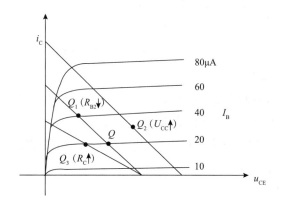

图 3-5　电路参数对静态工作点的影响

所谓的工作点"偏高"或"偏低"不是绝对的，应该是相对信号的幅度而言，如输入信号幅度很小，即使工作点较高或较低也不一定会出现失真。所以确切地说，产生波形失真是信号幅度与静态工作点设置配合不当所致。如需满足较大信号幅度的要求，静态工作点最好尽量靠近交流负载线的中点。

三、实验设备

1. 函数信号发生器

2. 双踪示波器

3. 交流毫伏表

4. 数字万用电表

5. 电阻器、导线若干

四、实验内容与步骤

实验电路如图3-2所示。各电子仪器可按常用电子仪器使用的实验中所介绍的方式连接，为防止干扰，各仪器的公共端必须连在一起，同时信号源、交流毫伏表和示波器的引线应采用专用电缆线或屏蔽线，如使用屏蔽线，则屏蔽线的外包金属网应接在公共接地端上。

1. 调试静态工作点

接通直流电源前，先将 R_W 调至最大，函数信号发生器输出旋钮旋至零。接通 +12V 电源、调节 R_W，使 $U_E = 2.0V$（即 $I_C = 2.0mA$），用直流电压表测量 U_B、U_E、U_C 及用万用电表测量 R_{B2} 值，记入表3-5中。

表3-5　调试静态工作点（$U_E = 2.0V$）

测　量　值			计　算　值			
U_B/V	U_E/V	U_C/V	U_{BE}/V	U_{CE}/V	I_C/mA	R_{B2}/kΩ

2. 测量输入电阻和输出电阻

置 $R_C = 2.4kΩ$，$R_L = 2.4kΩ$，$U_E = 2V$。输入 $f = 1kHz$ 的正弦信号，在输出电压 U_o 不失真的情况下，用数字万用表测出 U_S，U_i 和 U_L 记入表3-6中。

保持 U_S 不变，断开 R_L，测量输出电压 U_O，记入表3-6中。

表3-6　输入电阻和输出电阻的测量（$U_E = 2.0V$，$R_C = 2.4kΩ$，$R_L = 2.4kΩ$）

U_S/mV	U_i/mV	R_i/kΩ		U_L/V	U_O/V	R_O/kΩ	
		测量值	计算值			测量值	计算值

3. 观察静态工作点对输出波形失真的影响

置 $R_C = 2.4kΩ$，$R_L = 2.4kΩ$，$U_i = 0$，调节 R_W 使 $U_E = 2.0V$，测出 U_{CE} 值，再逐步加大输入信号，使输出电压 U_o 足够大但不失真。然后保持输入信号不变，分别增大和减小 R_W，使波形出现失真，绘出 U_o 的波形，并测出失真情况下的 I_C 和 U_{CE} 值，记入表 3-7 中。每次测 I_C 和 U_{CE} 值时都要将信号源的输出旋钮旋至零。

表3-7　静态工作点对输出波形失真的影响（$R_C = 2.4kΩ$，$R_L = ∞$，$U_i =$　　mV）

U_{CE}/V	I_C/mA	U_o 波形	失真情况	三极管工作状态

U_{CE}/V	I_C/mA	U_0 波形	失真情况	三极管工作状态
2.0		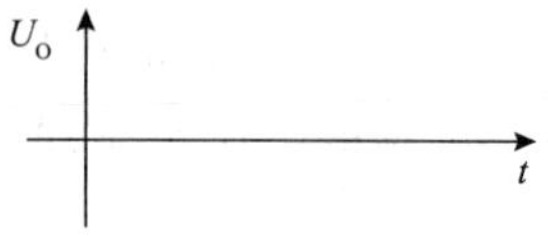		

五、实验报告

（1）列表整理测量结果。

（2）把实测的输入电阻、输出电阻之值与理论计算值比较，分析产生误差原因。

（3）总结 R_C，R_L 及静态工作点对输入电阻、输出电阻的影响。

（4）总结静态工作点对输出波形失真的影响。

（5）分析讨论在调试过程中出现的问题。

（6）收获及其他。

实验四　差动放大器

一、实验目的

（1）加深对差动放大器性能及特点的理解。

（2）学习差动放大器主要性能指标的测试方法。

二、实验原理

差动放大器由两个元件参数相同的基本共射放大电路组成。当开关 K 拨向左边时，构成典型的差动放大器。调零电位器 R_P 用来调节 T_1、T_2 管的静态工作点，使得输入信号 $U_i = 0$ 时，双端输出电压 $U_0 = 0$。R_E 为两管共用的发射极电阻，它对差模信号无负反馈作用，因而不影响差模电压放大倍数，但对共模信号有较强的负反馈作用，故可以有效地抑制零漂，稳定静态工作点。差动放大器实验电路如图 3-6 所示。

当开关 K 拨向右边时，构成具有恒流源的差动放大器。它用晶体管恒流源代替发射极电阻 R_E，可以进一步提高差动放大器抑制共模信号的能力。

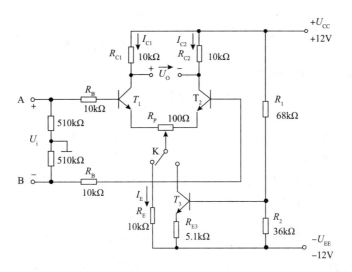

图 3-6 差动放大器实验电路

1. 静态工作点的估算

典型电路

$$I_E \approx \frac{|U_{EE}| - U_{BE}}{R_E}(\text{认为 } U_{B1} = U_{B2} \approx 0)$$

$$I_{C1} = I_{C2} = \frac{1}{2}I_E$$

恒流源电路

$$I_{C3} \approx I_{E3} \approx \frac{\dfrac{R_2}{R_1 + R_2}(U_{CC} + |U_{EE}|) - U_{BE}}{R_{E3}}$$

$$I_{C1} = I_{C1} = \frac{1}{2}I_{C3}$$

2. 差模电压放大倍数和共模电压放大倍数

当差动放大器的射极电阻 R_E 足够大，或采用恒流源电路时，差模电压放大倍数 A_d 由输出端方式决定，而与输入方式无关。

双端输出：$R_E = \infty$，R_P 在中心位置时，

$$A_d = \frac{\Delta U_O}{\Delta U_i} = -\frac{\beta R_C}{R_B + r_{be} + \dfrac{1}{2}(1 + \beta)R_P}$$

单端输出

$$A_{d1} = \frac{\Delta U_{C1}}{\Delta U_i} = \frac{1}{2}A_d$$

$$A_{d2} = \frac{\Delta U_{C2}}{\Delta U_i} = -\frac{1}{2}A_d$$

当输入共模信号时，若为单端输出，则有

$$A_{C1} = A_{C2} = \frac{\Delta U_{C1}}{\Delta U_i} = \frac{-\beta R_C}{R_E + r_{be} + (1+\beta)\left(\frac{1}{2}R_F + 2R_F\right)} \approx -\frac{R_C}{R_E}$$

若为双端输出，在理想情况下

$$A_C = \frac{\Delta U_o}{\Delta U_i} = 0$$

实际上由于元件不可能完全对称，因此 A_C 也不会绝对等于零。

3. 共模抑制比 $CMRR$

为了表征差动放大器对有用信号（差模信号）的放大作用和对共模信号的抑制能力，通常用一个综合指标来衡量，即共模抑制比

$$CMRR = \left|\frac{A_d}{A_c}\right| \quad \text{或} \quad CMRR = 20\log\left|\frac{A_d}{A_c}\right| \quad （dB）$$

差动放大器的输入信号可采用直流信号也可采用交流信号。本实验由函数信号发生器提供频率 $f = 1\text{kHz}$ 的正弦信号作为输入信号。

三、实验设备

1. 函数信号发生器

2. 双踪示波器

3. 交流毫伏表

4. 数字万用表

5. 电阻器、导线若干

四、实验内容与步骤

按图 3-6 连接实验电路，开关 K 拨向左边构成典型差动放大器。

1）测量静态工作点

①调节放大器零点。信号源不接入，将放大器输入端 A、B 与地短接，接通 ±12V 直流电源，用直流电压表测量输出电压 U_o，调节调零电位器 R_P，使 $U_o = 0$。调节要仔细，力求准确。

②测量静态工作点。零点调好以后，用直流电压表测量 T_1、T_2 管各电极电位及射极电阻 R_E 两端电压 U_{RE}，记入表 3-8 中。

表 3-8　静态工作点测量

	U_{C1}/V	U_{B1}/V	U_{E1}/V	U_{C2}/V	U_{B2}/V	U_{E2}/V	U_{RE}/V
测量值							
计算值	I_C/mA			I_B/mA		U_{CE}/V	

2）测量差模电压放大倍数

断开直流电源，将函数信号发生器的输出端接放大器输入 A 端，地端接放大器输入 B 端，构成单端输入方式，调节输入信号为频率 $f = 1\text{kHz}$ 的正弦信号，并使输出旋钮旋至零，用示波器监视输出端（集电极 C_1 或 C_2 与地之间）。

接通 $\pm 12\text{V}$ 直流电源，逐渐增大输入电压 U_i（约 100mV），在输出波形无失真的情况下，用交流毫伏表测 U_i，U_{C1}，U_{C2}，记入表 3-9 中，并观察 U_i、U_{C1}、U_{C2} 之间的相位关系，以及 U_{RE} 随 U_i 改变而变化的情况。

3）测量共模电压放大倍数

将放大器 A、B 短接，信号源接 A 端与地之间，构成共模输入方式，调节输入信号 $f = 1\text{kHz}$，$U_i = 1\text{V}$，在输出电压无失真的情况下，测量 U_{C1}、U_{C2} 之值记入表 3-9，并观察 U_i、U_{C1}、U_{C2} 之间的相位关系及 U_{RE} 随 U_i 改变而变化的情况。

表 3-9 差模电压放大倍数与共模电压放大倍数测量

项目	典型差动放大电路		具有恒流源差动放大电路	
	单端输入	共模输入	单端输入	共模输入
U_i	100mV	1V	100mV	1V
U_{C1}/V				
U_{C2}/V				
$A_{d1} = \dfrac{U_{C1}}{U_i}$		—		—
$A_d = \dfrac{U_o}{U_i}$		—		—
$A_{C1} = \dfrac{U_{C1}}{U_i}$	—		—	
$A_C = \dfrac{U_o}{U_i}$	—		—	
$CMRR = \left\| \dfrac{A_{d1}}{A_{C1}} \right\|$				

4）具有恒流源的差动放大电路性能测试

将图 3-6 电路中开关 K 拨向右边，构成具有恒流源的差动放大电路。重复内容 1（2）、1（3）的要求，记入表 3-9 中。

五、实验报告

（1）整理实验数据，列表比较实验结果和理论估算值，分析误差原因。

①静态工作点和差模电压放大倍数。

②典型差动放大电路单端输出时的 *CMRR* 实测值与理论值比较

③典型差动放大电路单端输出时 *CMRR* 的实测值与具有恒流源的差动放大器 *CMRR* 实测值比较。

（2）比较 U_i、U_{C1} 和 U_{C2} 之间的相位关系。

（3）根据实验结果，总结电阻 R_E 和恒流源的作用。

（4）收获及其他。

实验五　负反馈放大器

一、实验目的

（1）学习负反馈放大电路主要性能指标的测试方法。

（2）加深理解负反馈对放大器各项性能指标的影响。

（3）掌握放大电路中引入负反馈的方法。

二、实验原理

负反馈在电子电路中有着非常广泛的应用，虽然负反馈使放大器的放大倍数降低，但能在多方面改善放大器的动态指标，如提高增益的稳定性，改变输入、输出电阻，减小非线性失真和展宽通频带等。因此，几乎所有的实用放大器都带有负反馈。

负反馈放大器有四种组态，即电压串联、电压并联、电流串联和电流并联。本实验以电压串联负反馈为例，分析负反馈对放大器各项性能指标的影响。

（1）图 3-7 为带有负反馈的两级阻容耦合放大电路，在电路中通过 R_f 把输出电压 U_O 引回到输入端，加在晶体管 T_1 的发射极上，在发射极电阻 R_{F1} 上形成反馈电压 U_f。根据反馈的判断方法可知，它属于电压串联负反馈。

主要性能指标如下：

①闭环电压放大倍数

$$A_{Vf} = \frac{A_V}{1 + A_V F_V}$$

其中 $A_V = \dfrac{U_O}{U_i}$ 为基本放大器（无反馈）的电压放大倍数，即开环电压放大倍数。

$1 + A_V F_V$ 为反馈深度，它的大小决定了负反馈对放大器性能改善的程度。

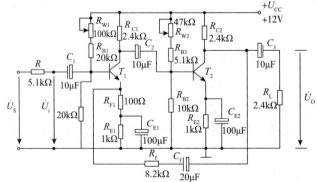

图 3-7　带有电压串联负反馈的两级阻容耦合放大器

②反馈系数

$$F_{\mathrm{V}} = \frac{R_{\mathrm{F1}}}{R_{\mathrm{f}} + R_{\mathrm{F1}}}$$

③ 输入电阻

$$R_{\mathrm{if}} = (1 + A_{\mathrm{V}}F_{\mathrm{V}})R_{\mathrm{i}}$$

其中，R_{i} 为基本放大器的输入电阻。

④输出电阻

$$R_{\mathrm{Of}} = \frac{R_{\mathrm{O}}}{1 + A_{\mathrm{VO}}F_{\mathrm{V}}}$$

其中，R_{O} 为基本放大器的输出电阻，A_{VO} 为基本放大器 $R_{\mathrm{L}} = \infty$ 时的电压放大倍数。

（2）本实验还需要测量基本放大器的动态参数，怎样实现无反馈而得到基本放大器呢？不能简单地断开反馈支路，而是要去掉反馈作用，但又要把反馈网络的影响（负载效应）考虑到基本放大器中去。为此：

①在画基本放大器的输入回路时，因为是电压负反馈，所以可将负反馈放大器的输出端交流短路，即令 $U_{\mathrm{O}} = 0$，此时 R_{f} 相当于并联在 R_{F1} 上。

②在画基本放大器的输出回路时，由于输入端是串联负反馈，因此需将反馈放大器的输入端（T_1 管的射极）开路，此时 $(R_{\mathrm{f}} + R_{\mathrm{F1}})$ 相当于并接在输出端。可近似认为 R_{f} 并接在输出端。

根据上述规律，就可得到所要求的如图 3-8 所示的基本放大器。

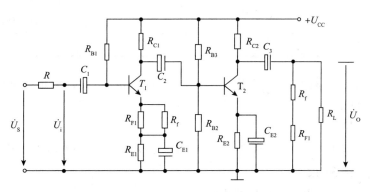

图 3-8　基本放大器

三、实验设备与器件

1. 函数信号发生器
2. 双踪示波器
3. 交流毫伏表
4. 数字万用表
5. 电阻器、电容器、导线若干

四、实验内容与步骤

1. 测量静态工作点

按图 3-7 连接实验电路，取 $U_{CC} = +12V$，$U_i = 0$，用直流电压表分别测量第一级、第二级的静态工作点，记入表 3-10。

表 3-10　静态工作点测量

项目	U_B/V	U_E/V	U_C/V	I_C/mA（计算）
第一级				
第二级				

2. 测试基本放大器的各项性能指标

将实验电路按图 3-8 改接，即把 R_f 断开后分别并在 R_{F1} 和 R_L 上，其他连线不动。

（1）测量中频电压放大倍数 A_V，输入电阻 R_i 和输出电阻 R_0。

①以 $f = 1kHz$，U_S 约 5mV 正弦信号输入放大器，用示波器监视输出波形 U_0，在 U_0 不失真的情况下，用交流毫伏表测量 U_S、U_i、U_L，记入表 3-11 中。

表 3-11　基本放大器的各项性能指标测试

项目	测　量　值				计算值		
基本放大器	U_S/mV	U_i/mV	U_L/V	U_0/V	A_V	R_i/kΩ	R_0/kΩ
负反馈放大器	U_S/mV	U_i/mV	U_L/V	U_0/V	A_{Vf}	R_{if}/kΩ	R_{0f}/kΩ

②保持 U_S 不变，断开负载电阻 R_L（注意：R_f 不要断开），测量空载时的输出电压 U_0，记入表 3-11。

（2）测量通频带

接上 R_L，保持 1）中的 U_S 不变，然后增加和减小输入信号的频率，找出上、下限频率 f_H 和 f_L，记入表 3-12。

3. 测试负反馈放大器的各项性能指标

将实验电路恢复为图 3-7 的负反馈放大电路。适当加大 U_S（约 10mV），在输出波形不失真的条件下，测量负反馈放大器的 A_{Vf}、R_{if} 和 R_{0f}，记入表 3-11 中；测量 f_{Hf} 和 f_{Lf}，记入表 3-12 中。

表 3-12　负反馈放大器的各项性能指标

基本放大器	f_L/kHz	f_H/kHz	Δf/kHz
负反馈放大器	f_{Lf}/kHz	f_{Hf}/kHz	Δf_f/kHz

五、实验报告

（1）将基本放大器和负反馈放大器动态参数的实测值和理论估算值列表进行比较。

（2）根据实验结果，总结电压串联负反馈对放大器性能的影响。

（3）如按深负反馈估算，则闭环电压放大倍数的值 A_{Vf} 和测量值是否一致？为什么？

（4）收获及其他。

实验六　集成运算放大器的基本运算电路

一、实验目的

（1）研究由集成运算放大器组成的比例、加法、减法和积分等基本运算电路的功能。

（2）正确理解运算电路中各元件参数之间的关系和"虚短"、"虚断"、"虚地"的概念。

二、设计要求

（1）设计反相比例运算电路，要求 $|A_{uf}|$ = 10，$R_i \geqslant 10\text{k}\Omega$，确定外接电阻元件的值。

（2）设计同相比例运算电路，要求 $|A_{uf}|$ = 11，确定外接电阻元件值。

（3）设计加法运算电路，满足 $U_o = -（10U_{i1} + 5U_{i2}）$ 的运算关系。

（4）设计差动放大电路（减法器），要求差模增益为 10，$R_i > 40\text{k}\Omega$。

（5）应用 Multisim 软件进行仿真，然后在实验设备上实现。

三、实验原理

1. 理想运算放大器特性

集成运算放大器（以下简称理想运放）是一种具有高电压放大倍数的直接耦合多级放大电路。当外部接入不同的元器件组成负反馈电路时，可以实现比例、加法、减法、积分、微分等模拟运算电路。

理想运放，是将运放的各项技术指标理想化，满足下列条件的运算放大器称为理想运放。

（1）开环电压增益 $A_{ud} = \infty$；

（2）输入阻抗 $r_i = \infty$；

（3）输出阻抗 $r_o = 0$；

（4）带宽 $f_{BW} = \infty$；

（5）失调与漂移均为零等。

理想运放在线性应用时的两个重要特性：

（1）输出电压 U_0 与输入电压之间满足关系式

$$U_0 = A_{ud}(U_+ - U_-)$$

由于 $A_{ud} = \infty$ ，而 U_0 为有限值，因此， $U_+ - U_- \approx 0$ 。即 $U_+ \approx U_-$ ，称为"虚短"。

（2）由于 $r_i = \infty$ ，故流进运放两个输入端的电流可视为零，即 $I_{IB} = 0$ ，称为"虚断"。这说明运放对其前级吸取电流极小。

"虚短"、"虚断"是分析理想运放应用电路的基本原则，可简化运放电路的计算。

2. 基本运算电路

1）反相比例运算电路

电路如图 3-9（a）所示。对于理想运放，该电路的输出电压与输入电压之间的关系为：

$$U_0 = -\frac{R_F}{R_1}U_1$$

为了减小输入级偏置电流引起的运算误差，在同相输入端应接入平衡电阻 $R_2 = R_1 // R_F$ 。

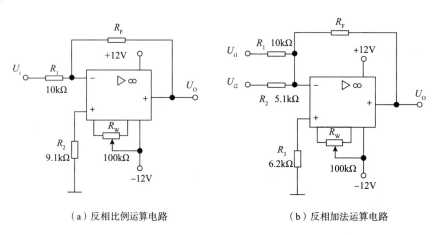

（a）反相比例运算电路　　　　　　（b）反相加法运算电路

图 3-9　反相比例运算电路

2）反相加法电路

电路如图 3-9（b）所示，输出电压与输入电压之间的关系为：

$$U_0 = -\left(\frac{R_F}{R_1}U_{i1} + \frac{R_F}{R_2}U_{i2}\right)$$

为了减小输入级偏置电流引起的运算误差，在同相输入端应接入平衡电阻 $R_3 = R_1 // R_2 // R_F$

3）同相比例运算电路

图 3-10（a）是同相比例运算电路，它的输出电压与输入电压之间的关系为：

$$U_0 = \left(1 + \frac{R_F}{R_1}\right)U_i$$

为了减小输入级偏置电流引起的运算误差，在同相输入端应接入平衡电阻 $R_2 = R_1 /\!/ R_F$。当 $R_1 \to \infty$ 时，$U_O = U_i$，即得到如图 3-10(b) 所示的电压跟随器。图中 $R_2 = R_F$，用以减小漂移和起保护作用。一般 R_F 取 $10\text{k}\Omega$，太小起不到保护作用，太大则影响跟随性。

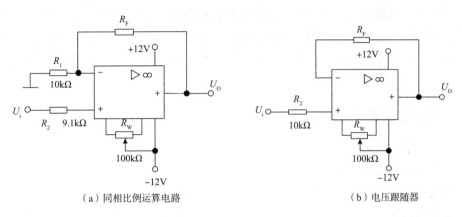

（a）同相比例运算电路　　　　　　　（b）电压跟随器

图 3-10　同相比例运算电路

4）差动放大电路（减法器）

对于图 3-11 所示的减法运算电路，当 $R_1 = R_2$，$R_3 = R_F$ 时，有如下关系式

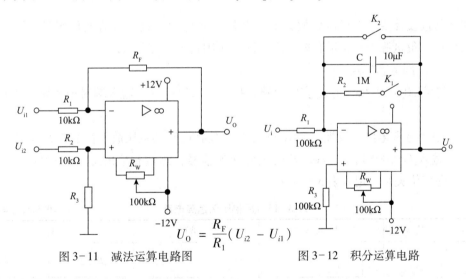

$$U_O = \frac{R_F}{R_1}(U_{i2} - U_{i1})$$

图 3-11　减法运算电路图　　　　　图 3-12　积分运算电路

5）积分运算电路

反相积分电路如图 3-12 所示。在理想化条件下，输出电压 U_O 等于

$$U_O(t) = -\frac{1}{R_1 C}\int_0^t U_i \mathrm{d}t + U_C(0)$$

式中，$U_C(0)$ 是 $t = 0$ 时刻电容 C 两端的电压值，即初始值。

如果 $U_i(t)$ 是幅值为 E 的阶跃电压，并设 $U_C(0) = 0$，则

$$U_O(t) = -\frac{1}{R_1 C}\int_0^t E \mathrm{d}t = -\frac{E}{R_1 C}t$$

即输出电压 $U_0(t)$ 随时间增长而线性下降。显然 RC 的数值越大，达到给定的 U_0 值所需的时间就越长。积分输出电压所能达到的最大值，受集成运放最大输出范围的限值。

在进行积分运算之前，首先应对运放调零。为了便于调节，将图中 K_1 闭合，即通过电阻 R_2 的负反馈作用帮助实现调零。但在完成调零后，应将 K_1 打开，以免因 R_2 的接入造成积分误差。K_2 的设置一方面为积分电容放电提供通路，同时可实现积分电容初始电压 $U_C(0) = 0$，另一方面，可控制积分起始点，即在加入信号 U_i 后，只要 K_2 一打开，电容就将被恒流充电，电路也就开始进行积分运算。

四、实验设备与器件

1. ±12V 直流电源
2. 函数信号发生器
3. 交流毫伏表
4. 直流电压表
5. 集成运算放大器 μA741×1、电阻器、电容器若干

五、实验内容与步骤

实验前按设计要求选择运算放大器、电阻等元件的参数，看清运放组件各管脚的位置，切忌正、负电源极性接反和输出端短路，否则将会损坏集成块。

1. 反相比例运算电路

（1）参照图 3-9（a）连接实验电路，接通 ±12V 电源，输入端对地短路，进行调零和消振。

（2）适当选取电路中反馈电阻 R_F 的阻值，使得电路的电压放大倍数为 $A_V = 10$。

（3）输入 $f = 100\text{Hz}$，$U_i = 0.5\text{V}$ 的正弦交流信号，测量相应的 U_0，并用示波器观察 U_0 和 U_i 的相位关系，记入表 3-13。

表 3-13　反相比例运算电路　　　　　$U_i = 0.5\text{V}$，$f = 100\text{Hz}$

U_i/V	U_0/V	U_i 波形	U_0 波形	A_V	
				实测值	计算值

2. 同相比例运算电路

（1）参照图 3-10（a）连接实验电路。

（2）适当选取电路中反馈电阻 R_F 的阻值，使得电路的电压放大倍数为 $A_V = 11$。实验步骤同内容 1，将结果记入表 3-14 中。

（3）将图 3-10（a）中的 R_1 断开，得图 3-10（b）电路重复内容（1）。

表 3-14　同相比例运算电路　　　　　　　　　　$U_i = 0.5V$　$f = 100Hz$

U_i/V	U_0/V	u_i 波形	u_0 波形	A_V	
				实测值	计算值

3. 反相加法运算电路

（1）参照图 3-9（b）连接实验电路。调零和消振。

（2）适当选取电路中反馈电阻 R_F 的阻值，使得电路的输出电压为：

$$U_0 = -(10U_{i1} + 5U_{i2})$$

（3）输入信号采用直流信号，实验时要注意选择合适的直流信号幅度以确保集成运放工作在线性区。用直流电压表测量输入电压 U_{i1}、U_{i2} 及输出电压 U_0，记入表 3-15 中。

表 3-15　反相加法运算电路

U_{i1}/V					
U_{i2}/V					
U_0/V					

4. 减法运算电路

（1）参照图 3-11 连接实验电路。调零和消振。

（2）适当选取电路中电阻 R_F、R_3 的阻值，使得电路的输出电压为

$$U_0 = 10(U_{i2} - U_{i1})$$

（3）采用直流输入信号，实验步骤同反相加法运算电路，记入表 3-16。

表 3-16　减法运算电路

U_{i1}/V					
U_{i2}/V					
U_0/V					

5. 积分运算电路

实验电路如图 3-12 所示。

（1）打开 K_2，闭合 K_1，对运放输出进行调零。

（2）调零完成后，再打开 K_1，闭合 K_2，使 $U_C(o) = 0$。

（3）预先调好直流输入电压 $U_i = 0.5V$，接入实验电路，再打开 K_2，然后用直流电压表测量输出电压 U_0，每隔 5s 读一次 U_0，记入表 3-17，直到 U_0 不继续明显增大为止。

表 3-17 积分运算电路

t/s	0	5	10	15	20	25	30	……
测量 U_0/V								
计算 U_0/V								

六、实验总结

（1）整理实验数据，画出波形图（注意波形间的相位关系）。

（2）将理论计算结果和实测数据相比较，分析产生误差的原因。

（3）分析讨论实验中出现的现象和问题。

七、预习要求

（1）复习集成运放线性应用部分内容，并根据实验电路参数计算各电路输出电压的理论值。

（2）在反相加法器中，如 U_{i1} 和 U_{i2} 均采用直流信号，并选定 $U_{i2} = -1V$，当考虑到运算放大器的最大输出幅度（±12V）时，$|U_{i1}|$ 的大小不应超过多少伏？

（3）在积分电路中，如 $R_1 = 100k\Omega$，$C = 4.7\mu F$，求时间常数。

假设 $U_i = 0.5V$，问要使输出电压 U_0 达到 5V，需多长时间假 [假设 $U_C(0) = 0$]？

（4）为了不损坏集成块，实验中应注意什么问题？

实验七 有源滤波器

一、实验目的

（1）熟悉用运放、电阻和电容组成有源低通滤波、高通滤波和带通、带阻滤波器。

（2）学会测量有源滤波器的幅频特性。

二、实验原理

由 RC 元件与运算放大器组成的滤波器称为 RC 有源滤波器，其功能是让一定频率范围内的信号通过，抑制或急剧衰减此频率范围以外的信号。可用在信息处理、数据传输、抑制干扰等方面，但因受运算放大器频带限制，这类滤波器主要用于低频范围。根据对频率范围的选择不同，可分为低通（LPF）、高通（HPF）、带通（BPF）与带阻（BEF）等四种滤波器，它们的幅频特性如图 3-13 所示。

具有理想幅频特性的滤波器是很难实现的，只能用实际的幅频特性去逼近理想的。一般来说，滤波器的幅频特性越好，其相频特性越差，反之亦然。滤波器的阶数越高，幅频特性衰减的速率越快，但 RC 网络的节数越多，元件参数计算越繁琐，电路调试越困难。任何高阶滤波器均可以用较低的二阶 RC 有滤波器级联实现。

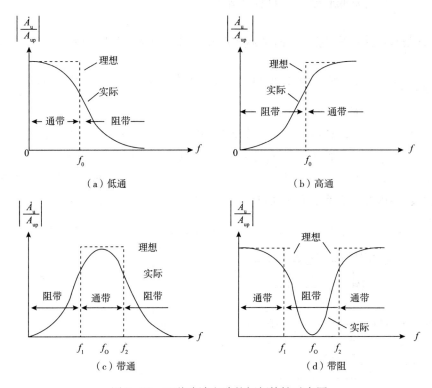

图 3-13　四种滤波电路的幅频特性示意图

1. 低通滤波器（LPF）

低通滤波器是用来通过低频信号衰减或抑制高频信号。

如图 3-14（a）所示，为典型的二阶有源低通滤波器。它由两级 RC 滤波环节与同相比例运算电路组成，其中第一级电容 C 接至输出端，引入适量的正反馈，以改善幅频特性。图 3-14（b）为二阶低通滤波器幅频特性曲线。

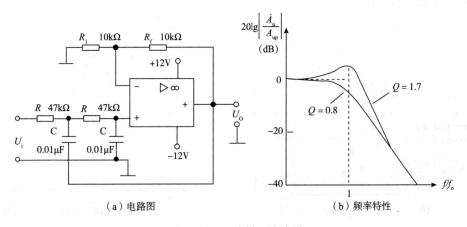

图 3-14　二阶低通滤波器

电路性能参数

$A_{uP} = 1 + \dfrac{R_f}{R_1}$，二阶低通滤波器的通带增益；

$f_0 = \dfrac{1}{2\pi RC}$，截止频率，它是二阶低通滤波器通带与阻带的界限频率；

$Q = \dfrac{1}{3 - A_{uP}}$，品质因数，它的大小影响低通滤波器在截止频率处幅频特性的形状。

2. 高通滤波器（HPF）

与低通滤波器相反，高通滤波器用来通过高频信号，衰减或抑制低频信号。

只要将图3-14（a）低通滤波电路中起滤波作用的电阻、电容互换，即可变成二阶有源高通滤波器，如图3-15（a）所示。高通滤波器性能与低通滤波器相反，其频率响应和低通滤波器是"镜像"关系，仿照LPH分析方法，不难求得HPF的幅频特性。

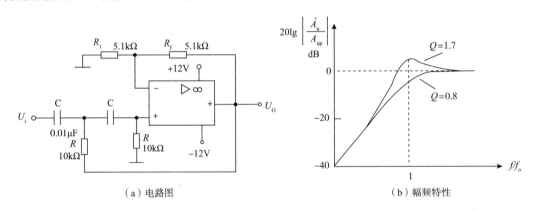

（a）电路图　　　　　　　　　　（b）幅频特性

图3-15　二阶高通滤波器

电路性能参数 A_{uP}、f_0、Q 各量的函义同二阶低通滤波器。

图3-15（b）为二阶高通滤波器的幅频特性曲线，可见，它与二阶低通滤波器的幅频特性曲线有"镜像"关系。

3. 带通滤波器（BPF）

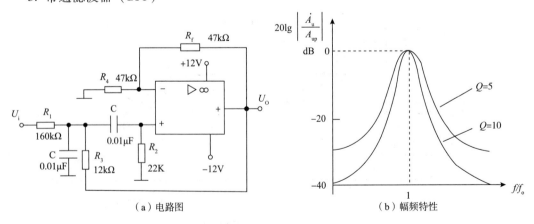

（a）电路图　　　　　　　　　　（b）幅频特性

图3-16　二阶带通滤波器

这种滤波器的作用是只允许在某一个通频带范围内的信号通过，而比通频带下限频率低和比上限频率高的信号均加以衰减或抑制。

典型的带通滤波器可以从二阶低通滤波器中将其中一级改成高通而成。如图3-16（a）所示。电路性能参数：

通带增益：$A_{up} = \dfrac{R_4 + R_f}{R_4 R_1 CB}$；

中心频率：$f_0 = \dfrac{1}{2\pi}\sqrt{\dfrac{1}{R_2 C^2}\left(\dfrac{1}{R_1} + \dfrac{1}{R_3}\right)}$

通带宽度：$B = \dfrac{1}{C}\left(\dfrac{1}{R_1} + \dfrac{2}{R_2} - \dfrac{R_f}{R_3 R_4}\right)$

选择性：$Q = \dfrac{\omega_0}{B}$

此电路的优点是改变 R_f 和 R_4 的比例就可改变频宽而不影响中心频率。

4. 带阻滤波器（BEF）

如图3-17（a）所示，这种电路的性能和带通滤波器相反，即在规定的频带内，信号不能通过（或受到很大衰减或抑制），而在其余频率范围，信号则能顺利通过。

在双 T 网络后加一级同相比例运算电路就构成了基本的二阶有源 BEF。

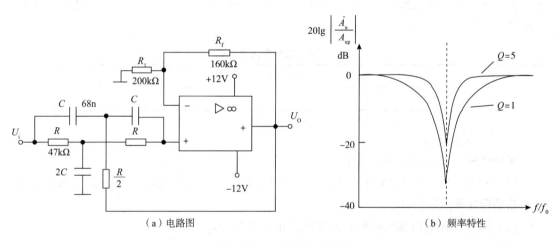

（a）电路图　　　　　　　　　　（b）频率特性

图3-17　二阶带阻滤波器

电路性能参数：

通带增益：$A_{up} = 1 + \dfrac{R_f}{R_1}$；

中心频率：$f_0 = \dfrac{1}{2\pi RC}$；

带阻宽度：$B = 2(2 - A_{up})f_0$；

选择性：$Q = \dfrac{1}{2(2 - A_{up})}$。

三、实验设备与器件

1. ±12V 直流电源
2. 函数信号发生器
3. 双踪示波器
4. 交流毫伏表
5. 频率计
6. μA741×1、电阻器、电容器若干

四、实验内容与步骤

1. 二阶低通滤波器

实验电路如图 3-14（a）所示。

（1）粗测：接通 ±12V 电源，U_i 接函数信号发生器，令其输出为 $U_i = 1V$ 的正弦波信号，在滤波器截止频率附近改变输入信号频率，用示波器或交流毫伏表观察输出电压幅度的变化是否具备低通特性，如不具备，应排除电路故障。

（2）在输出波形不失真的条件下，选取适当幅度的正弦输入信号，在维持输入信号幅度不变的情况下，逐点改变输入信号频率。测量输出电压，记入表 3-18 中，描绘频率特性曲线。

表 3-18　二阶低通滤波器

f/Hz	
U_0/V	

2. 二阶高通滤波器

实验电路如图 3-15（a）所示。

（1）粗测：输入 $U_i = 1V$ 正弦波信号，在滤波器截止频率附近改变输入信号频率，观察电路是否具备高通特性。

（2）测绘高通滤波器的幅频特性曲线，记入表 3-19。

表 3-19　二阶高通滤波器

f/Hz	
U_0/V	

3. 带通滤波器

实验电路如图 3-16（a），测量其频率特性。记入表 3-20。

（1）实测电路的中心频率 f_0。

（2）以实测中心频率为中心，测绘电路的幅频特性。

表3-20 带通滤波器

f/Hz	
U_0/V	

4. 带阻滤波器

实验电路如图3-17（a）所示。

（1）实测电路的中心频率 f_0。

（2）测绘电路的幅频特性，记入表3-21。

表3-21 带阻滤波器

f/Hz	
U_0/V	

五、实验总结

（1）整理实验数据，画出各电路实测的幅频特性。

（2）根据实验曲线，计算截止频率、中心频率、带宽及品质因数。

（3）总结有源滤波电路的特性。

六、预习要求

（1）复习教材有关滤波器内容。

（2）分析各所示电路，写出它们的增益特性表达式。

（3）计算二阶低通滤波器、二阶高通滤波器的截止频率，带通滤波器和带阻滤波器的中心频率。

（4）画出上述四种电路的幅频特性曲线。

实验八 电压比较器

一、实验目的

（1）掌握电压比较器的电路构成及工作原理。

（2）学会测试比较器的方法。

二、实验原理

电压比较器是集成运放非线性应用电路。常用的电压比较器有过零比较器、滞回比较器、双限比较器（又称窗口比较器）等。

1. 过零比较器

电路如图 3-18（a）所示为加限幅电路的过零比较器，D_Z 为限幅稳压管。信号从运放的反相输入端输入，参考电压为零，从同相端输入。当 $U_i > 0$ 时，输出 $U_O = -(U_Z + U_D)$，当 $U_i < 0$ 时，$U_O = +(U_Z + U_D)$。其电压传输特性如图 3-18（b）所示。

过零比较器结构简单，灵敏度高，但抗干扰能力差。

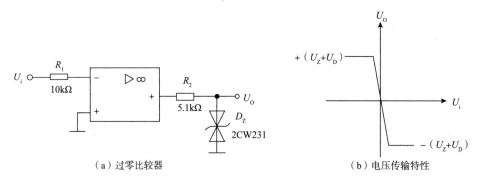

（a）过零比较器　　　　　　　（b）电压传输特性

图 3-18　过零比较器

2. 滞回比较器

图 3-19 为具有滞回特性的过零比较器。过零比较器在实际工作时，如果 U_i 恰好在过零值附近，则由于零点漂移的存在，U_O 将不断由一个极限值转换到另一个极限值，这在控制系统中，对执行机构将是很不利的。为此，就需要输出特性具有滞回现象。如图 3-19 所示，从输出端引一个电阻分压正反馈支路到同相输入端，若 U_O 改变状态，Σ 点也随着改变电位，使过零点离开原来位置。当 U_O 为正（记作 $U+$），$U_\Sigma = \dfrac{R_2}{R_f + R_2} U_+$，则当 $U_i > U_\Sigma$ 后，U_O 即由正变负（记作 U_-），此时 U_Σ 变为 $-U_\Sigma$。故只有当 U_i 下降到 $-U_\Sigma$ 以下，才能使 U_O 再度回升到 U_+，于是出现图 3-19（b）中所示的滞回特性。$-U_\Sigma$ 与 U_Σ 的差别称为回差。改变 R_2 的数值可以改变回差的大小。

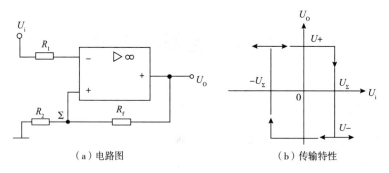

（a）电路图　　　　　　　（b）传输特性

图 3-19　滞回比较器

3. 窗口（双限）比较器

简单的比较器仅能鉴别输入电压 U_i 比参考电压 U_R 高或低的情况，窗口比较电路是由两个简单比较器组成，如图 3-20（a）所示，它能指示出 U_i 值是否处于 U_R^+ 和 U_R^- 之间。

如 $U_R^- < U_i < U_R^+$，窗口比较器的输出电压 U_0 等于运放的正饱和输出电压（$+U_{0max}$），如果 $U_i < U_R^-$ 或 $U_i > U_R^+$，则输出电压 U_0 等于运放的负饱和输出电压（$-U_{0max}$）。窗口比较器的传输特性如图 3-20（b）所示。

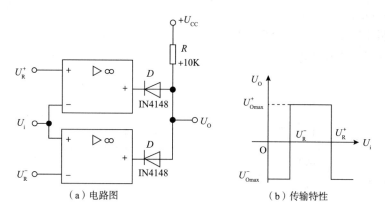

（a）电路图　　　（b）传输特性

图 3-20　由两个简单比较器组成的窗口比较器

三、实验设备与器件

1. ±12V 直流电源

2. 函数信号发生器

3. 双踪示波器

4. 直流电压表

5. 交流毫伏表

6. 运算放大器 μA741 ×2

7. 稳压管 2CW231 ×1

8. 二极管 4148 ×2、电阻器

四、实验内容与步骤

1. 过零比较器

实验电路如图 3-18（a）所示。

（1）接通 ±12V 电源。

（2）测量 U_i 悬空时的 U_0 值。

（3）U_i 输入 500Hz、幅值为 2V 的正弦信号，观察 $U_i \rightarrow U_0$ 波形并记录。

（4）改变 U_i 幅值，测量传输特性曲线。

2. 反相滞回比较器

实验电路如图 3-21 所示。

（1）按图接线，U_i 接 +5V 可调直流电源，测出 U_0 由 $+U_{0max} \rightarrow -U_{0max}$ 时 U_i 的临界值。

（2）同上，测出 U_0 由 $-U_{0max} \rightarrow +U_{0max}$ 时 U_i 的临界值。

（3）U_i 接 500Hz，峰值为 2V 的正弦信号，观察并记录 $U_i \to U_O$ 波形。

（4）将分压支路 100K 电阻改为 200K，重复上述实验，测定传输特性。

3. 同相滞回比较器

实验线路如图 3-22 所示。

（1）参照步骤 2，自拟实验步骤及方法。

（2）将结果与步骤 2 进行比较。

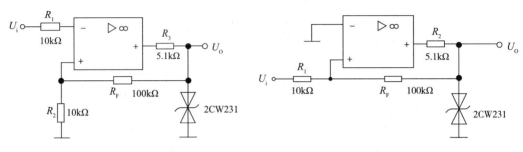

图 3-21　反相滞回比较器　　　　　图 3-22　同相滞回比较器

4. 窗口比较器

参照图 3-20 自拟实验步骤和方法测定其传输特性。

五、实验总结

（1）整理实验数据，绘制各类比较器的传输特性曲线

（2）总结几种比较器的特点，阐明它们的应用。

六、预习要求

（1）复习教材有关比较器的内容

（2）画出各类比较器的传输特性曲线。

（3）若要将图3-20（b）窗口比较器的电压传输曲线高、低电平对调，应如何改动比较器电路?

实验九　波形发生器

一、实验目的

（1）进一步理解用集成运放构成的正弦波、方波和三角波发生器的工作原理。

（2）学习波形发生器的调整和主要性能指标的测试方法。

二、实验原理

1. RC 桥式正弦波振荡器（文氏电桥振荡器）

图 3-23 为 R_C 桥式正弦波振荡器。其中，RC 串、并联电路构成正反馈支路，同时兼作选频网络，R_1、R_2、R_W 及二极管等元件构成负反馈和稳幅环节。调节电位器 R_W，可以改变负反馈深度，以满足振荡的振幅条件和改善波形。利用两个反向并联二极管 D_1、D_2 正向电阻的非线性特性来实现稳幅。D_1、D_2 采用硅管（温度稳定性好），且要求特性匹配，才能保证输出波形正、负半周对称。R_3 的接入是为了削弱二极管非线性的影响，以改善波形失真。

电路的振荡频率

$$f_0 = \frac{1}{2\pi RC}$$

起振的幅值条件

$$A_f = 1 + \frac{R_f}{R_1} \geqslant 3$$

式中 $R_f = R_W + R_2 + (R_3 r_D)$，$r_D$ 为二极管正向导通电阻。

调整反馈电阻 R_f（调 R_W），使电路起振，且波形失真最小。如不能起振，则说明负反馈太强，应适当加大 R_f。如波形失真严重，则应适当减小 R_f。

改变选频网络的参数 C 或 R，即可调节振荡频率。一般采用改变电容 C 作频率量程切换，而调节 R 作量程内的频率细调。

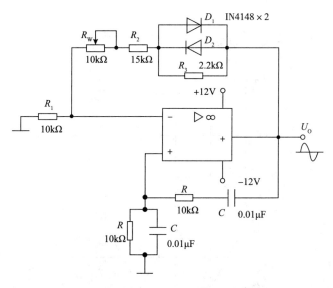

图 3-23　RC 桥式正弦波振荡器

2. 三角波和方波发生器

如图 3-24 所示，电路由同相滞回比较器 A_1 和反相积分器 A_2 构成。比较器 A_1 输出的方波经积分器 A_2 积分可得到三角波 U_0，U_0 经电阻 R_1 为比较器 A_1 提供输入信号，形成正反馈，即构成三角波、方波发生器。图 3-25 为方波、三角波发生器输出波形图。由于采用运放组成的积分电路，因此可实现恒流充电，使三角波线性大大改善。

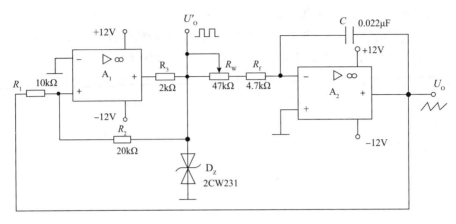

图 3-24 三角波、方波发生器

滞回比较器的阈值电压　　$U_T = \pm \dfrac{R_1}{R_2} U_Z$

电路振荡频率　　$f_0 = \dfrac{R_2}{4R_1(R_f + R_w)C_f}$

方波幅值　　$U'_{om} = \pm U_Z$

三角波幅值　　$U_{om} = \dfrac{R_1}{R_2} U_Z$

调节 R_W 可以改变振荡频率,改变比值 $\dfrac{R_1}{R_2}$ 可调节三角波的幅值。

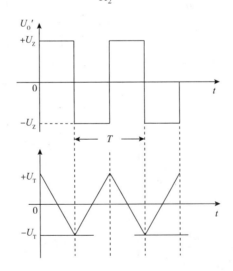

图 3-25 方波、三角波发生器输出波形图

三、实验设备与器件

1. ±12V 直流电源

2. 双踪示波器

3. 交流毫伏表

4. 频率计

5. 集成运算放大器 μA741 ×2

6. 二极管 IN4148 ×2

7. 稳压管 2CW231 ×1、电阻器、电容器若干

四、实验内容与步骤

1. RC 桥式正弦波振荡器

按图 3-23 连接实验电路。

（1）接通 ±12V 电源，调节电位器 R_W，使输出波形从无到有，从正弦波到出现失真。描绘 U_0 的波形，记下临界起振、正弦波输出及失真情况下的 R_W 值，分析负反馈强弱对起振条件及输出波形的影响。

（2）调节电位器 R_W，使输出电压 U_0 幅值最大且不失真，用交流毫伏表分别测量输出电压 U_0、反馈电压 U_+ 和 U_-，分析研究振荡的幅值条件。

（3）用示波器或频率计测量振荡频率 f_0，然后在选频网络的两个电阻 R 上并联同一阻值电阻，观察记录振荡频率的变化情况，并与理论值进行比较。

（4）断开二极管 D_1、D_2，重复（2）的内容，将测试结果与（2）进行比较，分析 D_1、D_2 的稳幅作用。

（5）RC 串并联网络幅频特性观察。将 RC 串并联网络与运放断开，由函数信号发生器注入 3V 左右正弦信号，并用双踪示波器同时观察 RC 串并联网络输入、输出波形。保持输入幅值（3V）不变，从低到高改变频率，当信号源达某一频率时，RC 串并联网络输出将达最大值（约 1V），且输入、输出同相位。此时的信号源频率

$$f = f_0 = \frac{1}{2\pi RC}$$

2. 三角波和方波发生器

按图 3-24 连接实验电路。

（1）将电位器 R_W 调至合适位置，用双踪示波器观察并描绘三角波输出 U_0 及方波输出 $U_0{}'$，测其幅值、频率及 R_W 值，记录之。

（2）改变 R_W 的位置，观察对 U_0、$U_0{}'$ 幅值及频率的影响。

（3）改变 R_1（或 R_2），观察对 U_0、$U_0{}'$ 幅值及频率的影响。

五、实验总结

1. 正弦波发生器

（1）列表整理实验数据，画出波形，把实测频率与理论值进行比较。

（2）根据实验分析 RC 振荡器的振幅条件。

（3）讨论二极管 D_1、D_2 的稳幅作用。

2. 三角波和方波发生器

（1）整理实验数据，把实测频率与理论值进行比较。

（2）在同一坐标纸上，按比例画出三角波及方波的波形，并标明时间和电压幅值。

（3）分析电路参数变化（R_1，R_2 和 R_W）对输出波形频率及幅值的影响。

六、预习要求

（1）复习有关 RC 正弦波振荡器、三角波及方波发生器的工作原理，并估算图 3-23、图 3-24 电路的振荡频率。

（2）设计实验表格。

（3）为什么在 RC 正弦波振荡电路中要引入负反馈支路？为什么要增加二极管 D_1 和 D_2？它们是怎样稳幅的？

（4）电路参数变化对图 3-24 产生的方波和三角波频率及电压幅值有什么影响？（或者：怎样改变图 3-24 电路中方波及三角波的频率及幅值？）

（5）在波形发生器各电路中，"相位补偿"和"调零"是否需要？为什么？

（6）怎样测量非正弦波电压的幅值？

实验十　压控振荡器

一、实验目的

了解压控振荡器的组成及调试方法。

二、实验原理

调节可变电阻或可变电容可以改变波形发生电路的振荡频率，一般是通过手动调节的。而在自动控制等场合往往要求能自动地调节振荡频率。常见的情况是给出一个控制电压（例如计算机通过接口电路输出的控制电压），要求波形发生电路的振荡频率与控制电压成正比。这种电路称为压控振荡器，又称为 VCO 或 $U-f$ 转换电路。

利用集成运放可以构成精度高、线性好的压控振荡器。下面介绍这种电路的构成和工作原理，并求出振荡频率与输入电压的函数关系。

1. 电路的构成及工作原理

怎样用集成运放构成压控振荡器呢？我们知道积分电路输出电压变化的速率与输入电压的大小成正比，如果积分电容充电使输出电压达到一定程度后，设法使它迅速放电，然后输入电压再给它充电，如此周而复始，产生振荡，其振荡频率与输入电压成正比。即压控振荡器。图 3-26 就是实现上述意图的压控振荡器（它的输入电压 $U_i > 0$）。

图 3-26 所示电路中 A_1 是积分电路，A_2 是同相输入滞回比较器，它起开关作用。当

它的输出电压 $U_{O1} = +U_z$ 时，二极管 D 截止，输入电压（$U_i>0$），经电阻 R_1 向电容 C 充电，输出电压 U_O 逐渐下降，当 U_O 下降到零再继续下降使滞回比较器 A_2 同相输入端电位略低于零，U_{O1} 由 $+U_z$ 跳变为 $-U_z$，二极管 D 由截止变导通，电容 C 放电，由于放电回路的等效电阻比 R_1 小得多，因此放电很快，U_O 迅速上升，使 A_2 的 U_+ 很快上升到大于零，U_{O1} 很快从 $-U_z$ 跳回到 $+U_z$，二极管又截止，输入电压经 R_1 再向电容充电。如此周而复始，产生振荡。图 3-27 所示为压控振荡器 U_O 和 U_{O1} 的波形图。

2. 振荡频率与输入电压的函数关系

$$f = \frac{1}{T} \approx \frac{1}{T_1} = \frac{R_4}{2R_1R_3C} \frac{U_i}{U_z}$$

可见振荡频率与输入电压成正比。

上述电路实际上就是一个方波、锯齿波发生电路，只不过这里是通过改变输入电压 U_i 的大小来改变输出波形频率，从而将电压参量转换成频率参量。

压控振荡器的用途较广。为了使用方便，一些厂家将压控振荡器做成模块，有的压控振荡器模块输出信号的频率与输入电压幅值的非线性误差小于 0.02%，但振荡频率较低，一般在 100Hz 以下。

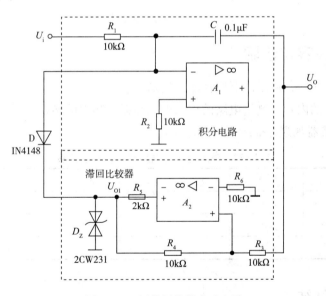

图 3-26 压控振荡器实验电路

三、实验设备与器件

1. ±12V 直流电源

2. 双踪示波器

3. 交流毫伏表

4. 直流电压表

5. 频率计

6. 运算放大器 μA741 ×2

7. 稳压管 2CW231 ×1

8. 二极管 IN4148 ×1、电阻器、电容器若干

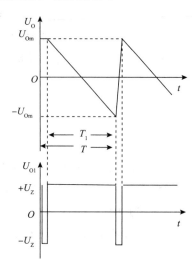

图 3-27　压控振荡器波形图

四、实验内容与步骤

1. 按图 3-26 接线，用示波器监视输出波形。

2. 按表 3-22 的内容，测量电路的输入电压与振荡频率的转换关系。

3. 用双踪示波器观察并描绘 U_O、U_{O1} 波形。

表 3-22　输入电压与振荡频率的转换关系

项目	U_i/V	1	2	3	4	5	6
用示波器测得	T/ms						
	f/Hz						
用频率计测得	f/Hz						

五、实验总结

作出电压 – 频率关系曲线，并讨论其结果。

六、预习要求

（1）指出图 3-26 中电容器 C 的充电和放电回路。

（2）定性分析用可调电压 U_i 改变 U_O 频率的工作原理。

（3）电阻 R_3 和 R_4 的阻值如何确定？当要求输出信号幅值为 $12U_{OPP}$，输入电压值为 3V，输出频率为 3000Hz，计算出 R_3、R_4 的值。

实验十一　OTL 功率放大器

一、　实验目的

（1）进一步理解 OTL 功率放大器的工作原理。

（2）学会 OTL 电路的调试及主要性能指标的测试方法。

二、实验原理

图 3-28 所示为 OTL 低频功率放大器。其中由晶体三极管 T_1 组成推动级（也称前置放大级），T_2、T_3 是一对参数对称的 NPN 和 PNP 型晶体三极管，它们组成互补推挽 OTL 功放电路。由于每一个管子都接成射极输出器形式，因此具有输出电阻低，负载能力强等优点，适合于作功率输出级。T_1 管工作于甲类状态，它的集电极电流 I_{C1} 由电位器 R_{W1} 进行调节。I_{C1} 的一部分流经电位器 R_{W2} 及二极管 D，给 T_2、T_3 提供偏压。调节 R_{W2}，可以使 T_2、T_3 得到合适的静态电流而工作于甲、乙类状态，以克服交越失真。静态时要求输出端中点 A 的电位 $U_A = \frac{1}{2} U_{CC}$，可以通过调节 R_{W1} 来实现，又由于 R_{W1} 的一端接在 A 点，因此在电路中引入交、直流电压并联负反馈，一方面能够稳定放大器的静态工作点，同时也改善了非线性失真。

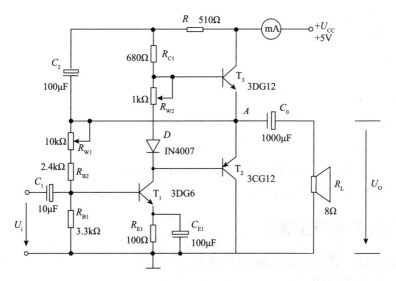

图 3-28　OTL 功率放大器实验电路

当输入正弦交流信号 U_i 时，经 T_1 放大、倒相后同时作用于 T_2、T_3 的基极，U_i 的负半周使 T_2 管导通（T_3 管截止），有电流通过负载 R_L，同时向电容 C_0 充电，在 U_i 的正半周，T_3 导通（T_2 截止），则已充好电的电容器 C_0 起着电源的作用，通过负载 R_L 放电，这

样在 R_L 上就得到完整的正弦波。

C_2 和 R 构成自举电路，用于提高输出电压正半周的幅度，以得到大的动态范围。

OTL 电路的主要性能指标：

1. 最大不失真输出功率 P_{om}

理想情况下，$P_{om} = \dfrac{1}{8}\dfrac{U_{CC}^2}{R_L}$，在实验中可通过测量 R_L 两端的电压有效值，来求得实际的

$$P_{om} = \dfrac{U_O^2}{R_L}。$$

2. 效率 η

$$\eta = \dfrac{P_{om}}{P_E}100\% \,(P_E \text{——直流电源供给的平均功率})$$

在理想情况下，$\eta_{max} = 78.5\%$。在实验中，可测量电源供给的平均电流 I_{dC}，从而求得 $P_E = U_{CC} \cdot I_{dC}$，负载上的交流功率已用上述方法求出，因而也就可以计算实际效率了。

3. 频率响应

详见实验二有关部分内容。

4. 输入灵敏度

输入灵敏度是指输出最大不失真功率时，输入信号 U_i 之值。

三、实验设备与器件

1. +5V 直流电源
2. 函数信号发生器
3. 双踪示波器
4. 交流毫伏表
5. 直流电压表
6. 直流毫安表
7. 频率计
8. 晶体三极管 3DG6（9011）、3DG12（9013）、3CG12（9012）、晶体二极管 IN4007、8Ω 扬声器、电阻器、电容器若干

四、实验内容与步骤

在整个测试过程中，电路不应有自激现象。

1. 静态工作点的测试

按图 3-28 连接实验电路，将输入信号旋钮旋至零（$U_i = 0$）电源进线中串入直流毫安表，电位器 R_{W2} 置最小值，R_{W1} 置中间位置。接通 +5V 电源，观察毫安表指示，同时用手触摸输出级管子，若电流过大，或管子温升显著，应立即断开电源检查原因（如 R_{W2} 开路，电路自激，或输出管性能不好等）。如无异常现象，可开始调试。

1）调节输出端中点电位 U_A

调节电位器 R_{W1}，用直流电压表测量 A 点电位，使 $U_A = \dfrac{1}{2}U_{CC}$。

2）调整输出级静态电流及测试各级静态工作点

调节 R_{W2}，使 T_2、T_3 管的 $I_{C2} = I_{C3} = 5 \sim 10\text{mA}$。从减小交越失真角度而言，应适当加大输出级静态电流，但该电流过大，会使效率降低，所以一般以 $5 \sim 10\text{mA}$ 左右为宜。由于毫安表是串在电源进线中，因此测得的是整个放大器的电流，但一般 T_1 的集电极电流 I_{C1} 较小，从而可以把测得的总电流近似当作末级的静态电流。如要准确得到末级静态电流，则可从总电流中减去 I_{C1} 之值。

调整输出级静态电流的另一方法是动态调试法。先使 $R_{W2} = 0$，在输入端接入 $f = 1\text{kHz}$ 的正弦信号 U_i。逐渐加大输入信号的幅值，此时，输出波形应出现较严重的交越失真（注意：没有饱和和截止失真），然后缓慢增大 R_{W2}，当交越失真刚好消失时，停止调节 R_{W2}，恢复 $U_i = 0$，此时直流毫安表读数即为输出级静态电流。一般数值也应在 $5 \sim 10\text{mA}$，如过大，则要检查电路。

输出极电流调好以后，测量各级静态工作点，记入表 3-23 中。

表 3-23　$I_{C2} = I_{C3} = $　mA　$U_A = 2.5\text{V}$

项目	T_1	T_2	T_3
U_B/V			
U_C/V			
U_E/V			

注意事项：

（1）在调整 R_{W2} 时，一是要注意旋转方向，不要调得过大，更不能开路，以免损坏输出管。

（2）输出管静态电流调好，如无特殊情况，不得随意旋动 R_{W2} 的位置。

2. 最大输出功率 P_{om} 和效率 η 的测试

1）测量 P_{om}

输入端接 $f = 1\text{kHz}$ 的正弦信号 U_i，输出端用示波器观察输出电压 U_0 波形。逐渐增大 U_i，使输出电压达到最大不失真输出，用交流毫伏表测出负载 R_L 上的电压 U_{om}，则 $P_{om} = \dfrac{U_{om}^2}{R_L}$。

2）测量 η

当输出电压为最大不失真输出时，读出直流毫安表中的电流值，此电流即为直流电源供给的平均电流 I_{DC}（有一定误差），由此可近似求得 $P_E = U_{CC}I_{DC}$，再根据上面测得的 P_{om}，即可求出 $\eta = \dfrac{P_{om}}{P_E}$。

3. 输入灵敏度测试

根据输入灵敏度的定义，只要测出输出功率 $P_0 = P_{om}$ 时的输入电压值 U_i 即可。

4. 频率响应的测试

测试方法同实验二。记入表 3-24 中。

表 3-24　$U_i =$　　mV

项目			f_L	f_0		f_H		
f/Hz				1000				
U_0/V								
A_V								

在测试时，为保证电路的安全，应在较低电压下进行，通常取输入信号为输入灵敏度的 50%。在整个测试过程中，应保持 U_i 为恒定值，且输出波形不得失真。

5. 研究自举电路的作用

（1）测量有自举电路，且 $P_0 = P_{0max}$ 时的电压增益 $A_V = \dfrac{U_{0m}}{U_i}$。

（2）将 C_2 开路，R 短路（无自举），再测量 $P_0 = P_{0max}$ 的 A_V。

用示波器观察（1）、（2）两种情况下的输出电压波形，并将以上两项测量结果进行比较，分析研究自举电路的作用。

6. 噪声电压的测试

测量时将输入端短路（$U_i = 0$），观察输出噪声波形，并用交流毫伏表测量输出电压，即为噪声电压 U_N，本电路若 $U_N < 15mV$，即满足要求。

7. 试听

输入信号改为录音机输出，输出端接试听音箱及示波器。开机试听，并观察语言和音乐信号的输出波形。

五、实验总结

（1）整理实验数据，计算静态工作点、最大不失真输出功率 P_{om}、效率 η 等，并与理论值进行比较。画频率响应曲线。

（2）分析自举电路的作用。

（3）讨论实验中发生的问题及解决办法。

六、预习要求

（1）复习有关 OTL 工作原理部分内容。

（2）为什么引入自举电路能够扩大输出电压的动态范围？

（3）交越失真产生的原因是什么？怎样克服交越失真？

（4）电路中电位器 R_{W2} 如果开路或短路，对电路工作有何影响？

（5）为了不损坏输出管，调试中应注意什么问题？

（6）如电路有自激现象，应如何消除？

第四章　高频电子线路实验

实验一　高频小信号调谐放大器

一、实验目的

(1) 掌握高频小信号调谐放大器的工作原理。

(2) 掌握负载对谐振回路的影响。

(3) 掌握高频小信号放大器动态范围的测试方法。

二、实验内容

(1) 测试小信号放大器的静态工作状态。

(2) 观察放大器输出波形与谐振回路的关系。

(3) 测试放大器的幅频特性。

(4) 观察放大器的动态范围。

三、实验仪器

1. BT3C 型频率特性测试仪 (选用)

2. 20MHz 模拟示波器

3. 数字万用表

4. 调试工具

5. 高频电子线路实验箱

6. 接收模块

四、实验基本原理

在无线电技术中，经常会遇到这样一个问题，即所接收的信号很弱，而此信号又往往是与干扰信号同时进入接收机的。人们希望将有用信号得到放大，而把无用的干扰信号抑制掉。借助于选频放大器，有选择地对某频率信号进行放大，便可达到此目的。小信号调谐放大器便是这样一种最常用的选频放大器。图4-1 为共发射极晶体管高频小信号调谐放大器，晶体管集电极负载为 LC 并联谐振回路。它不仅放大高频信号，而且还有一定的选频作用。在高频情况下，晶体管的极间电容及连接导线的分布参数等会影响放大器输出信号的频率或相位。

五、实验步骤

1. 计算选频回路谐振频率

实验电路如图4-1所示，若电感量 TA1 = 1.8 ~ 2.4μH，回路总电容 CA3 + CCA2 = 105 ~ 125pF（分布电容包括在内），计算回路谐振频率 f_0 的范围。

2. 将接收模块正确插在实验箱主板上。参照接收模块小信号调谐放大器部分的丝印正确连接实验电路：K1、K2、J2 向左拨，J1 向下拨。GND 接 GND，+12V 接 +12V（从主板直流电源部分 +12V 和 GND 插孔用连接线接入）。检查连线正确无误后打开实验箱电源开关（实验箱左侧的船形开关），开关 K1 向右拨，若正确连接则模块上的电源指示灯 LEDA1 亮。

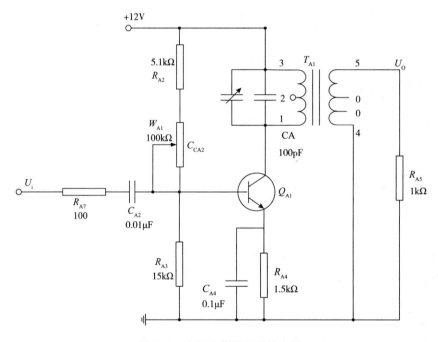

图4-1　高频小信号调谐放大器

3. 静态工作点调节

TP4 接 GND，调节 WA1 使三极管 Q_{A1} 发射极电压 V_E 在 6.8V 左右，然后去掉 TP4 与 GND 的连线。

4. 动态测试

1）输出幅度测试

用高频信号源产生频率约 10.7MHz，峰峰值约 600mV 的正弦波信号作为放大器的输入信号 V_i（参见高频信号源使用方法），从 TP7 或 TP4 处输入，用示波器在三极管 QA1 的基极观察，记此信号为 V_i'（TP7 与三极管 QA1 之间接有一个由电阻和电容组成的衰减网络，对输

入信号 V_i 的幅度进行衰减），记录 V_i' 的幅度。再用示波器在 TT1 处观察输出信号 V_o 的幅度，调节 TA1 和 CCA2 使输出信号 V_o 幅度最大且失真最小（注意 TA1 不宜调的太深，否则会使信号源和放大器达不到最佳匹配，此时 V_i 会失真），选择正常放大区的输入电压 V_i，改变 V_i 的峰峰值，用示波器在 TT1 处观察 V_o 的峰峰值变化情况，并将结果填入表 4-1 中。

表 4-1　高频小信号调谐放大器动态测试

V_{ip-p}（V）/$f=$　MHz							
$V_i'_{p-p}$/V	0.4	0.5	0.6	0.7			
V_{op-p}/V							
增益（dB）							

2）测试放大器频率特性

本实验箱高频信号源幅度调节采用运放和可调电阻实现，受运放增益带宽积的限制，对不同频率的信号幅度放大倍数不一致。也就是说即使高频信号源的幅度调节电位器不调节，调节频率调节电位器，输出信号的幅度会随频率的增加而减小。这会给本步骤带来不便。同时，由于射频连接线和 2 号迭插头对的阻抗特性，对某频段的信号（12～13MHz）可能使高频信号源与放大器不匹配。建议使用外置高频函数发生器完成本步骤实验。

调节高频信号源使 Vi 的频率为 10.7MHz，峰峰值为 700mV。用示波器在 TT1 处观察，调节 TA1 和 CCA2，使输出信号最大且不失真（注意输入信号也不要失真）。保持 V_i 幅度不变，改变 V_i 的频率，观察 V_o 幅度的变化情况，并将观察结果填入表 4-2 中。

表 4-2　放大器频率特性

f/MHz				10.7			
V_{op-p}/V							

3）用扫频仪测试通频带（选做）

用扫频仪调回路谐振曲线：去掉放大器的输入信号，将扫频仪射频输出送入放大器输入端，放大器输出接至扫频仪检波器输入端。观察回路曲线（扫频仪输出衰减档位应根据实际情况来选择适当位置），调节回路 TA1 与 CCA2 使回路谐振在 10.7MHz。根据谐振曲线测试通频带。

六、实验报告

（1）写明实验目的。

（2）画出实验电路的直流和交流等效电路，计算直流工作点范围。

（3）整理实验数据并画出幅频特性曲线。

（4）本放大器的动态范围是多少（增益下降 1dB 弯折点时的 V_o 定义为放大器动态范围），讨论 R_{A4} 对动态范围影响。

实验二　高频谐振功率放大器

一、实验目的

（1）理解谐振功率放大器的工作原理。

（2）理解负载阻抗和激励信号电压变化对功放工作状态的影响。

（3）掌握谐振功率放大器的调谐特性、放大特性和负载特性。

二、实验内容

（1）调试谐振功放电路特性，观察各点输出波形。

（2）改变输入信号大小，观察谐振功率放大器的放大特性。

（3）改变负载电阻值，观察谐振功率放大器的负载特性。

三、实验仪器

1. BT3C 频率特性测试仪（选用）

2. 高频电压表（选用）

3. 20MHz 双踪模拟示波器

4. 万用表

5. 调试工具

6. 高频电子线路实验箱

7. 发射模块

四、实验原理

丙类功率放大器常作为发射机末级功放以获得较大的输出功率和较高的效率。本实验的电路图如图 4-2 所示。

五、实验步骤

（1）在主板上正确插好发射模块，对照发射模块中的高频谐振功放部分的丝印，正确连接实验电路：K1、K2、J6 向左拨，连接 TP11 和 TP12，+12V 接 +12V，GND 接 GND（从主板直流电源部分 +12V 和 GND 插孔用连接线接入），检查连线正确无误后打开实验箱电源开关（实验箱左侧的船形开关），K2 向右拨，若正确连接则模块上的电源指示灯 LED2 亮。

（2）静态工作点调节：调节 W4，使 Q5 发射极电压 $V_E = 2.2V$。

（3）产生功放输入信号。实验中功放的输入信号是由前级变容二极管调频部分的 LC

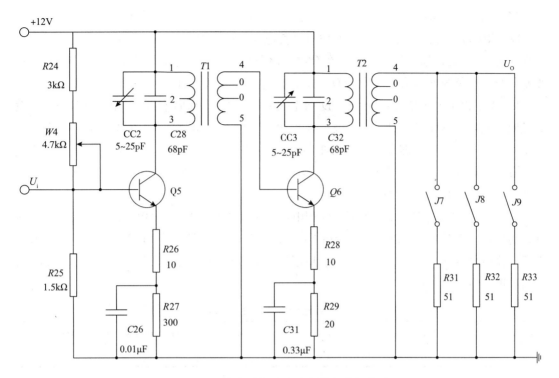

图4-2 高频谐振功率放大器实验电路图

振荡产生的。产生方法如下：

关闭功放电源开关，即 K2 向左拨。打开变容二极管调频部分电源开关，即 K1 向右拨。J1、J4 向上拨，J2、J3、J5 向下拨，J6 向左拨。用示波器在 TT1 处观察波形，调节 CC1 使信号频率为 10.7MHz，调节 W3 使信号峰峰值为 500mV 左右（若调不到，调节 W2 使之满足要求）。

（4）调节功放回路参数使其谐振。K2、J6 向右拨，J8 向上拨，J7、J9、J10 向下拨。则信号进入功放（若功率放大器未调谐好，则 TT1 处信号会有失真）。用示波器在 TT2 处观察，调节 T1、T2、CC2、CC3 使 TT2 处波形最大且不失真（调节量不要调节的太深，否则会使输入信号失真）。

（5）观察放大特性。调 W3 使 TT1 处信号幅度由小变大，用示波器观察 Q6 发射极电压波形，直至观察到有下凹的电压波形为止，如图4-3所示。此时说明 Q6 进入过压状态（如果下凹波形左右不对称，则微调 T1、T2 使其非对称性得到适当改善）。如果再继续增加输入信号的幅度，则可以观测到下凹的电压波形的下凹深度增加（20MHz 示波器探头如果用 ×1 档观察下凹不明显，则用 ×10 档看）。

注意：在高频情况下，由于电阻存在电容和电感分量，下凹不可能完全对称。

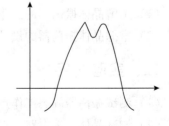

图4-3 Q6发射极电压波形

（6）观察负载特性。TT1 处信号为 $V_{p-p} = 500\text{mV}$ 左右。调节中周 T1、T2（J7 向上拨，J8、J9、J10 向下拨，此时负载应为 50Ω），使电路谐振在 10.7MHz（此时 TT2 处波形应不失真且最大）。微调输入信号大小，在 Q6 的发射极处观察，使放大器处于临界工作状态。改变负载，使负载电阻依次变为 25Ω（J7、J8 向上拨，J9、J10 向下拨）→51Ω（J7 向上拨，J8、J9、J10 向下拨）→100Ω（J9 向上拨，J7、J8、J10 向下拨）。用示波器在 Q6 发射极处能观察到不同负载时的电压波形（由欠压、临界直至过压）。在改变负载时，应保证输入信号大小不变（即在负载 50Ω 时处于临界状态）。同时在不同负载情况下，电路应处于最佳谐振（即在 TT2 处观察到的波形应最大且不失真。20MHz 示波器探头如果用 ×1 档观测不明显，则用 ×10 档看）。

（7）测量功放的效率 η。关闭实验箱电源开关，去掉 TP11 与 TP12 的连线。把万用表打到测试直流电流档（量程大于 200mA），将万用表的红表笔接 TP12，黑表笔接 TP11。打开实验箱电源开关，读出电流值 I_0。用示波器在 TT2 处观察输出信号 V_0 幅度，并将观察结果填入表 4-3 中。

表 4-3　高频谐振功率放大器测量

I_0/A	电源功率	$Vop-p/V$	负载 R_L/Ω	输出功率 P_0	效率 η

六、实验报告

（1）写明实验目的。
（2）画出欠压、临界、过压时 Q6 发射极的电压波形。
（3）整理实验数据，完成表 4-3 中数据的计算。
（4）分析实际中丙类功放的效率为什么达不到理论值。

实验三　石英晶体振荡器

一、实验目的

（1）了解晶体振荡器的工作原理及特点。
（2）掌握晶体振荡器的设计方法及参数计算方法。

二、实验内容

（1）测试振荡器静态工作点。
（2）调试晶体振荡电路，观察波形并测量频率。

三、实验仪器

1. 双踪示波器
2. 万用表
3. 调试工具
4. 高频电子线路实验箱
5. 环形混频器模块

四、实验原理

石英晶体振荡器实验电路如图4-4所示。

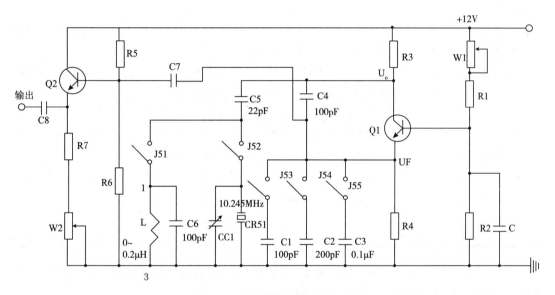

图4-4 石英晶体振荡器实验电路图

五、实验步骤

（1）在主板上正确插好环形混频器模块，对照环形混频模块中的正弦波振荡器部分的丝印，正确连接实验电路：K1向左拨，K2向下拨。+12V接+12V，GND接GND（从主板直流电源部分+12V和GND插孔用连接线接入），检查连线正确无误后打开实验箱电源开关（实验箱左侧的船形开关）。K2向上拨，若正确连接，则模块上的电源指示灯LED2亮。

（2）调整静态工作点：J51、J52向下拨，调W1使三极管Q1发射极电压$V_E = 2V$。

（3）观察振荡波形。J52、J53向上拨，J51、J54、J55向下拨。用示波器在TT1处观察振荡波形（若无波形输出可适当调节W2），调节W2，使输出信号最大且不失真。调节CC1使振荡波形频率f_0发生变化，记录f_0变化范围，并将观测结果记录在表4-4中。

表 4-4　石英晶体振荡频率测试

f_o/MHz	最小值 f_{omin}/MHz	最大值 f_{omax}/MHz	频稳度/%

（4）观察反馈系数对振荡器的影响。J52、J53 向上拨，J51、J54、J55 向下拨。调 CC1 使 TT1 处信号频率为 10.245MHz。完成以下四步实验，将测量结果填入表 4-5 中。

①反馈系数 $F=1$，即 J53 向上拨，J54、J55 向下拨。用示波器在 Q1 的集电极观察振荡输出信号 V_0 是否有波形，若有则记下其幅度大小（观察 V_0 用 ×10 档，以下几步实验相同）。

②反馈系数 $F=1/2$，即 J54 向上拨，J53、J55 向下拨。用示波器在 Q1 的集电极观察振荡输出信号 V_0 是否有波形，若有则记下其幅度大小。

③反馈系数 $F=1/3$，即 J53、J54 向上拨，J55 向下拨。用示波器在 Q1 的集电极观察振荡输出信号 V_0 是否有波形，若有则记下其幅度大小。

④反馈系数 $F=1/100$，即 J55 向上拨，J53、J54 向下拨。用示波器在 TT1 处观察电路是否停振，在 Q1 的集电极观察振荡输出信号 V_0 是否有波形，若有则记下其幅度大小。

表 4-5　系数对振荡器的影响

反馈系数	V_{op-p}/V
$F=1$	
$F=1/2$	
$F=1/3$	
$F=1/100$	

注意：用示波器观察振荡输出信号 V_0 时，由于不同示波器探头的接入电容不同，可能用 ×10 档观察 V_0 无波形，建议更换探头。

（5）观察晶体振荡器频率稳定度（选做）

接通晶体振荡电路（J52、J54 向上拨，J51、J53、J55 向下拨），用电吹风在距电路 15cm 处对着电路吹热风，观察输出信号的频率变化情况。记录频率变化范围。

六、实验报告

（1）写明实验目的。

（2）画出实验电路的直流和交流等效电路，整理实验数据，分析实验结果。

（3）比较晶体振荡器与 LC 振荡器的稳定度。

（4）分析本电路的优点。

（5）画出不同反馈系数下的输出信号波形。

实验四 环形混频器

一、实验目的

（1）掌握变频原理和环形混频器原理。

（2）掌握环形混频器组合频率的测试方法。

（3）了解环形混频器的优点。

二、实验内容

（1）观察环形混频器输出和陶瓷滤波器输出各点波形。

（2）测量输出回路。

（3）观察环形混频器的镜频干扰。

三、实验仪器

1. 频谱分析仪（选用）

2. 20MHz 双踪模拟示波器

3. 万用表

4. 调试工具

5. 高频电子线路实验箱

6. 环形混频器模块

四、实验原理

1. 变频原理

图 4-5 中 U_i 为输入信号，U_L 为本地振荡信号。当这两个不同频率的正弦信号同时作用到一个非线性元件上时，非线性元件的输出电流中就会产生许多频率分量，选用适当的滤波器取出所需的频率分量，就完成了频率变换，这就是变频原理。

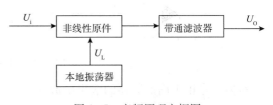

图 4-5 变频原理方框图

2. 环形混频器的工作原理

图 4-6 中 $D_1 \sim D_4$ 是具有相同参数的二极管，它们都有相同跨导 g_D。两个高频变压器线圈匝数均为 1:2，次级电压为初级电压的两倍。

如果把本振信号电压取得较大（约 0.6～1V），使二极管工作在导通、截止的开关状态，则本振信号就起着开关的作用。在本振信号的正半周，D_2、D_3 导通；在本振信号的负半周，D_1、D_4 导通，其等效电路如图4-7所示。

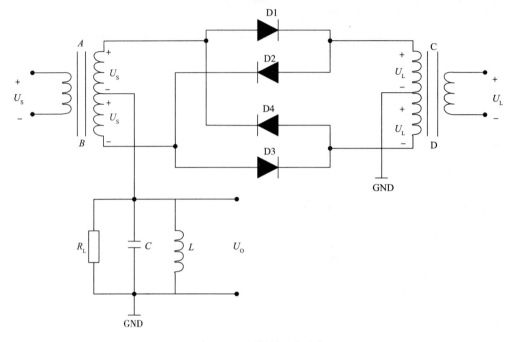

图4-6 环形混频原理图

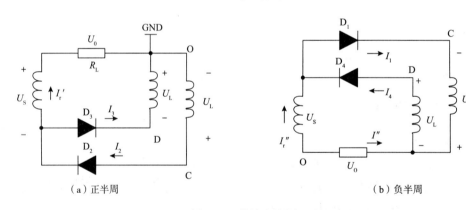

（a）正半周 　　　　　　　　（b）负半周

图4-7 等效电路图

本振信号正半周混频器的输出电流为：

$$I' = I_2 - I_3 = 2\,(U_S - U_O)\,s\,(t)\,g_D$$

本振信号负半周混频器的输出电流为：

$$I'' = I_4 - I_1 = -2\,(U_S + U_O)\,s^*\,(t)\,g_D$$

所以，总的输出电流为：

$$I = I' + I'' = 2U_S g_D\,[s\,(t)\,-s^*\,(t)]\,-2U_0 g_D\,[s(t)\,+s^*\,(t)]$$

式中的 $s(t)$、$s^*(t)$ 是受本振信号控制的单位开关函数，$s^*(t)$ 的时间比 $s(t)$ 落后

$T_0/2$（相位落后 π）。它们的变化周期都是本振信号的周期。

利用傅立叶级数将 $s(t)$ 和 $s^*(t)$ 展开得总输出电流为：

$$I = 2g_D V_{sm}\sin w_s t \sum_{n=1}^{\infty}\frac{4}{n\pi}\sin nw_L t - 2g_D V_{om}\sin w_o t \quad (n \text{ 为奇整数})$$

$$= \frac{4}{\pi}g_D V_{sm}\left[\cos\left(w_L - w_S\right)t - \cos\left(w_L + w_S\right)t\right]$$

$$+ \frac{4}{3\pi}g_D V_{sm}\left[\cos\left(3w_L - w_S\right)t - \cos\left(3w_L + w_S\right)t\right]$$

$$+ \frac{4}{5\pi}g_D V_{sm}\left[\cos\left(5w_L - w_S\right)t - \cos\left(5w_L + w_S\right)t\right] + \cdots - 2g_D V_{om}\sin w_o t$$

由上式可看出：环形混频器工作在开关状态时，输出电流中的组合频率只有本振信号的奇次谐波与输入信号频率基波的组合，用一通式表示组合频率为：

$(2P+1)\ \omega_L \pm \omega_S$，其中 $p = 0$、1、2、$\cdots\cdots$

即使环形混频器不工作在开关状态，它的输出电流也只含有本振信号的奇次谐波与输入信号奇次谐波的组合，也可用通式表示

$(2P+1)\ \omega_L \pm (2q+1)\ \omega_S$，其中 p、$q = 0$、1、2、3、$\cdots\cdots$

较之其他的混频器，组合频率干扰少是其突出的优点之一。

五、实验步骤

因混频器是一非线性器件，输出的组合频率较多，为了更好地观察输出信号频谱，若有频谱分析仪，建议使用频谱分析仪对混频器输出端的信号进行观察。

（1）在主板上正确插好环形混频模块，对照环形混频器模块中的环形混频器部分的丝印，正确连接实验电路：K1 向左拨，K2 向下拨。+12V 接 +12V，GND 接 GND（从主板直流电源部分 +12V 和 GND 插孔用连接线接入），检查连线正确无误后打开实验箱电源开关（实验箱左侧的船形开关）。K1 向右拨（若正确连接则模块上的电源指示灯 LED1 亮）。

（2）调整静态工作点：调节电位器 W3 使三极管 Q3 发射极电压 $U_{EQ} = 3.36\text{V}$。

（3）从 TP4 或 TP9 输入本振信号，本振信号由高频信号源提供，频率为 10.7MHz（参考高频信号源使用方法，注意使用锁定的 10.7MHz 信号），峰峰值约 1V。

从 TP5 或 TP10 输入射频信号（10.245MHz，由石英振荡器提供）。产生方法参见实验四。用示波器在 TT3 处观察混频输出信号的频率是否为 10.7MHz—10.245MHz = 455kHz（可微调 W3 使输出信号波形最好）。观察 TT2 和 TT3 处信号波形的差异。

（4）验证环形混频器输出组合频率的一般通式（选做）

用频谱仪在 TT2 处观察混频器的输出信号，验证环形混频器输出组合频率的一般通式为：

$$(2P+1)f_L \pm f_S \qquad (p = 0、1、2\cdots\cdots)$$

（5）测量输出回路（选做）：

用频谱仪在 TT2、TT3 处观察输出信号频谱，计算 455kHz 陶瓷滤波器对除中频

455kHz 之外信号的抑制度，同时用示波器在 TT2、TT3 处观察输出波形，比较 TT2 与 TT3 处波形形状（输出的中频信号为 TP4 处信号和 TP5 处信号的频率差值，结果可能不是准确的 455kHz，而在其附近）。

抑制度为 TT3 处某频率分量与 TT2 处该频率分量幅度的比值。

（6）观察混频器镜频干扰

TP4 处信号不变。由正弦波振荡单元的 LC 振荡产生 11.155MHz 的信号（产生方法为：J51、J53 向上拨，J52、J54、J55 向下拨；调 L 使 TP3 处信号的频率为 11.155MHz），作为 TP5 处的输入信号。观察 TT3 处的信号是否也为 455kHz。此即为镜像干扰现象。

六、实验报告

（1）写明实验目的。

（2）整理实验步骤（4）、（5）中所测各频率分量的大小，并计算选频电路对中频以外频率分量的抑制度。

（3）绘制步骤（3）中分别从 TT2、TT3 处用示波器测出的波形。

（4）说明镜像干扰引起的后果，如何减小镜像干扰？

实验五　乘法器混频

一、实验目的

（1）了解模拟乘法器（MC1496）混频原理。

（2）掌握乘法器调整方法。

（3）掌握利用乘法器实现混频电路的原理及方法。

二、实验内容

（1）用乘法器组成混频器电路。

（2）观察混频输出波形并测量输出频率。

三、实验仪器

1. 双踪模拟示波器示波器

2. 频率特性扫频仪（选用）

3. 高频电子线路实验箱

4. 乘法器模块

5. 环形混频器模块

6. 数字万用表

四、实验原理

集成模拟乘法器是完成两个模拟量相乘的电子器件。在高频中，振幅调制、同步检波、混频、倍频、鉴频、鉴相等调制与解调的过程，均可视为两个信号相乘或包含相乘的过程。

用模拟乘法器实现混频，只要 U_x 端和 U_y 端分别加上两个不同频率的信号，相差一中频如 455kHz，再经过带通滤波器取出中频信号，其原理方框图如图 4-8 所示。

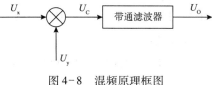

图 4-8　混频原理框图

若 $U_x(t) = V_s\cos w_s t, U_y(t) = V_o\cos w_o t$ 则：

$$U_C(t) = KV_sV_o\cos w_s t\cos w_o t = \frac{1}{2}KV_sV_o[\cos(w_o + w_s)t + \cos(w_o - w_s)t]$$

经带通滤波器后取差频

$$U_o(t) = \frac{1}{2}KV_sV_o\cos(w_o - w_s)t, \quad w_o - w_s = w_i$$ 为某中频频率。实验电路图如图 4-9 所示。

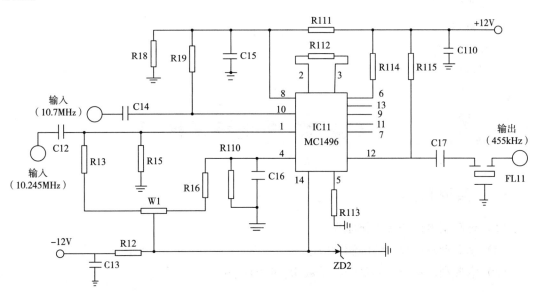

图 4-9　乘法器混频实验电路图

其中第 10 脚输入信号频率为 10.7MHz，第 1 脚输入频率为 10.245MHz 的信号，输出端接有 455kHz 陶瓷滤波器。

五、实验步骤

1. 连接电路

在主板上正确插好乘法器模块和环形混频器模块，对照乘法器模块混频部分的丝印，正确连接实验电路：K1、K2 向左拨，+12V 接 +12V，−12V 接 −12V，GND 接 GND（从主板直流电源部分 ±12V 和 GND 插孔用连接线接入），检查连线正确无误后打开实验箱电源开关（实验箱左侧的船形开关）。K1、K2 向右拨，若正确连接则模块上的电源指示灯 LED1、LED2 亮。

2. 组成混频电路

J11、J14、J15 向左拨，J12、J13 向上拨。

3. 输入信号

TP9 或 TP10 处输入 10.245MHz 的正弦波（由环形混频器模块石英晶体振荡产生，参考实验三），调节 10.245MHz 的信号时，需要关闭高频信号源及其他电源，且波形不能失真。TP11 或 TP12 处输入 10.7MHz 的载波信号，峰 − 峰值约 2 ~ 5V（由高频信号源提供 10.7MHz 锁定信号，参考高频信号源使用，波形不失真）。

4. 观察混频输出波形

用示波器在 TT11 处观察输出波形，输出信号频率应为 455kHz。

六、实验报告

1. 写明实验目的。
2. 分析实验原理。
3. 画出频谱。
4. 误差分析。

实验六 集电极调幅

一、实验目的

（1）理解集电极调幅工作原理。
（2）掌握动态调幅特性的测试方法。
（3）掌握利用示波器测量调幅系数 M_a 的方法。

二、实验内容

（1）调试集电极调幅电路特性，观察各点输出波形。
（2）改变载波信号幅度，观察电流波形。
（3）改变调制信号幅度，观察调幅波的变化情况。

三、实验仪器

1. 20MHz 双踪模拟示波器

2. 高频电子线路实验箱

3. 集电极调幅与大信号检波模块

四、实验原理

集电极调幅是利用低频调制电压去控制晶体管的集电极电压，通过集电极电压的变化，使集电极高频电流的基波分量随调制电压的规律变化，从而实现调幅。实际上，它是一个集电极电源受调制信号控制的谐振功率放大器，属高电平调幅。调幅管处于丙类工作状态。集电极调幅电路实验电路如图 4-10 所示。

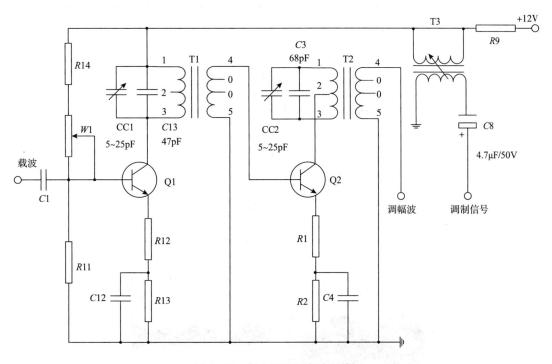

图 4-10　集电极调幅实验电路图

五、实验步骤

1. 在主板上正确插好集电极调幅与大信号检波模块，对照集电极调幅与大信号检波模块部分的丝印，正确连接实验电路：K1 向左拨，J1 向下拨。+12V 接 +12V，GND 接 GND（从主板直流电源部分 +12V 和 GND 插孔用连接线接入），检查连线正确无误后打开实验箱电源开关（实验箱左侧的船形开关）。K1 向右拨，若正确连接则模块上的电源指示灯 LED 亮。

2. 调节静态工作点：调 W1 使 Q1 发射极电压 $U_{EQ} = 2.1V$。

3. 从 IN3 或 IN4 处输入 1kHz 的正弦调制信号 V_{Ω}（V_{Ω} 由低频信号源提供，参考低频信号源使用方法，示波器上显示一到两个周期波形即可）

4. 从 IN1 或 IN2 处输入 10.7MHz 的载波信号（$V_{p-p} = 900mV$ 左右，此信号由高频信

号源提供，在实验过程中可微调载波大小以获得最好的调幅波）。

5. 测试动态调制特性（调制信号和载波输入建议使用射频连接线）。用示波器 CH1 通道探头测试调制信号波形，CH2 通道探头观测调幅波波形，改变载波信号的大小，保持载波信号幅度不变，当 V_Ω 由小变大时，此时用示波器在 TT1 处可观察到调幅信号波形理论上如图 4-11 所示，实际观测波形如图 4-12 所示，并将 m_a 的计算结果填入表 4-6 中。

表 4-6　集电极调幅电路动态调制特性测试

$V_{\Omega p-p}/V$	0.6	0.8	1	2	3	4		
m_a								

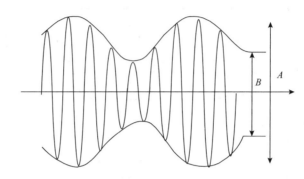

图 4-11　调幅系数测量

$$m_a = \frac{A-B}{A+B} \times 100\%$$

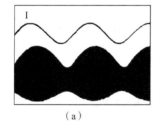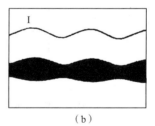

（a）　　　　　　　　　　　（b）

图 4-12　调幅电路观测结果

六、实验报告

（1）写明实验目的。

（2）整理实验数据，完成实验表格。

（3）画出调幅波的波形。

（4）分析影响调幅系数的因素。

（5）比较高电平调幅和低电平调幅的性能特点。

（6）画出频谱。

实验七 乘法器调幅

一、实验目的

（1）了解模拟乘法器（MC1496）的工作原理，掌握其调整方法。

（2）掌握利用乘法器实现平衡调幅的原理及方法。

二、实验内容

（1）用乘法器组成平衡调幅电路。

（2）产生抑制载波振幅调制信号，观察调幅波波形。

（3）产生有载波振幅调制信号，观察调幅波波形。

三、实验仪器

1. 双踪示波器

2. 高频电子线路实验箱

3. 乘法器模块

四、实验原理及电路

实验电路图如图 4-13 所示。

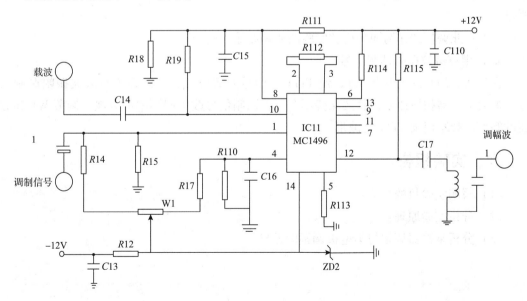

图 4-13 乘法器调幅电路图

五、实验步骤

1. 电路连接

在主板上正确插好乘法器模块，对照乘法器模块调幅部分的丝印，正确连接实验电路：K1、K2 向左拨，+12V 接 +12V，−12V 接 −12V，GND 接 GND（从主板直流电源部分 ±12V 和 GND 插孔用连接线接入），检查连线正确无误后打开实验箱电源开关（实验箱左侧的船形开关）。K1、K2 向右拨，若正确连接则模块上的电源指示灯 LED1、LED2 亮。

2. 产生抑制载波振幅调制信号

J11、J14、J15 向右拨，J12、J13 向下拨。

1）直流特性测量

TP11 或 TP12 输入 10.7MHz，峰峰值约 700mV 的载波信号，TP9 或 TP10 处输入 1kHz 的正弦波调制信号。先使调制信号很小，调节 W1 使在 TT11 处测试的信号幅度最小。

2）观察调幅波波形

逐渐增大调制信号的幅度（最大峰峰值约为 1V，太大会失真），直至 TT11 出现抑制载波的调幅信号。在实验过程中应微调载波信号的幅度，以得到最好的输出波形。观察并记录调制度 $m = 100\%$ 和 $m > 100\%$ 时调幅波的波形。

注：由于载波频率和调制信号的频率相差很大，调制信号的 1 个包络里有 10700 个载波周期，用示波器观察调制度 $m = 100\%$ 和 $m > 100\%$ 的调幅波在零点附近的波形时，调制信号与载波相成的幅度很小，几乎接近于零，以致调幅波在零点处的倒相现象不是很明显。

注意：此调幅波作为同步检波实验的调幅波输入信号。

3. 产生有载波振幅调制信号

在步骤 2 的基础上调节 W1，使 TT11 处信号有载波存在，此即为有载波振幅调制信号。加大示波器扫描速率，载波保持不变，将调制信号改为同频率的方波，调节 W1 和方波的幅度，观察记录 TT11 处波形。

六、实验报告

（1）写明实验目的。

（2）分析实验原理。

（3）分析乘法器调幅与集电极调幅的差异。

实验八　锁相环倍频

一、实验目的

（1）掌握模拟锁相环的组成及工作原理。

（2）学习用集成锁相环构成锁相倍频电路。

二、实验内容

（1）完成锁相环倍频实验，观察输出端波形并测量其频率。

（2）测试锁相环的同步带。

三、实验仪器

1. 20MHz 双踪模拟示波器

2. 高频电子实验箱

3. 锁相环应用模块

四、实验原理

锁相环是一种以消除频率误差为目的的反馈控制电路，它的基本原理是利用相位误差电压去消除频率误差，所以当电路达到平衡状态之后，虽然有剩余相位误差存在，但频率误差可以降低到零，从而实现无频差的频率跟踪和相位跟踪。

锁相环由三部分组成，如图 4-14 所示。

图 4-14　锁相环组成方框图

实验电路图如图 4-15 所示。信号从 TP7 输入，设输入信号的频率为 f_R，则经过锁相环后 TT22 处信号频率也为 f_R，TT22 处信号经 74LS393 进行 n 倍频。在 TT21 处就能观察输出信号的频率为 nf_R。74LS393 的输入信号不能大于 2.4V，W3 用于调节 74LS393 的输入电压幅度以使之满足要求。

在锁相环锁定之后，若输入信号频率发生变化，产生了瞬时频差，从而使瞬时相位差发生变化，则环路将及时调节误差电压去控制其内部的压控振荡器 VCO，使 VCO 的输出信号频率随之变化，即产生新的控制频差，VCO 输出频率及时跟踪输入信号频率。当控制频差等于固有频差时，瞬时频差再次为零，继续维持锁定，这就是跟踪过程。在锁定后能够继续维持锁定所允许的最大固有角频差的两倍称为跟踪带或同步带。

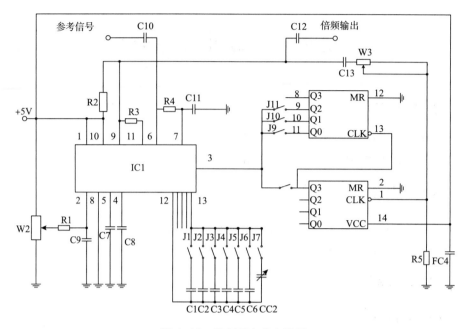

图 4-15 锁相环实验电路图

五、实验步骤

1. 电路连接

在主箱上正确插好锁相环应用模块，对照锁相环应用模块中 PLL 频率合成器部分的丝印，正确连接实验电路：K1、K2 向左拨，+5V 接 +5V，−5V 接 −5V，GND 接 GND（从主板直流电源部分 ±5V 和 GND 插孔用连接线接入），检查连线正确无误后打开实验箱电源开关（实验箱左侧的船形开关）。K1、K2 向右拨，若正确连接则模块上的电源指示灯 LED1、LED2 亮。

2. 锁相倍频实验

TP4 或 TP7 处输入 50kHz 的正弦波信号（V_{p-p} 约 2V，由低频信号源部分提供），作为参考信号。倍频器误差较大时，可改变 W2 调整。

1）16 倍频实验

J8 向右拨，J9、J10、J11 向左拨，J1、J2、J7 向上拨，J3、J4、J5、J6 向下拨。用示波器在 TT22 处观察信号频率是否与参考信号频率相同，若不是调节 CC2 使之相同。当两信号频率相同时适当调节 W2 使 TT22 处波形清晰可见。用示波器在 TT21 处观察输出信号的频率是否为 $16 \times 50\text{kHz} = 800\text{kHz}$。调节 W3 使 47LS393 的输入信号幅度满足要求并使 TT21 处信号失真最小。

2）32 倍频实验

J9 向右拨，J8、J10、J11 向左拨，J2、J3、J7 向上拨，J1、J4、J5、J6 向下拨。用示波器在 TT22 处观察信号频率是否与参考信号频率相同，若不是调节 CC2 使之相同。当两信号频率相同时适当调节 W2 使 TT22 处波形清晰可见。用示波器在 TT21 处观察输出信号

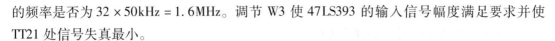

的频率是否为 $32 \times 50\text{kHz} = 1.6\text{MHz}$。调节 W3 使 47LS393 的输入信号幅度满足要求并使 TT21 处信号失真最小。

3）64 倍频实验

J10 向右拨，J8、J9、J11 向左拨，J3、J4、J7 向上拨，J1、J2、J5、J6 向下拨。用示波器在 TT22 处观察信号频率是否与参考信号频率相同，若不是调节 CC2 使之相同。当两信号频率相同时适当调节 W2 使 TT22 处波形清晰可见。用示波器在 TT21 处观察输出信号的频率是否为 $64 \times 50\text{kHz} = 3.2\text{MHz}$。调节 W3 使 47LS393 的输入信号幅度满足要求并使 TT21 处信号失真最小。

4）128 倍频实验

J11 向右拨，J8、J9、J10 向左拨，J4、J5、J7 向上拨，J1、J2、J3、J6 向下拨。用示波器在 TT22 处观察信号频率是否与参考信号频率相同，若不是调节 CC2 使之相同。当两信号频率相同时适当调节 W2 使 TT22 处波形清晰可见。用示波器在 TT21 处观察输出信号的频率是否为 $128 \times 50\text{kHz} = 6.4\text{MHz}$。调节 W3 使 47LS393 的输入信号幅度满足要求并使 TT21 处信号失真最小。

调试方法为：用双踪示波器同时在 TP4 和 TT22 处观察（若 TT22 处无波形，则适当调节 W3），调节 CC2 使两处信号频率相同。如果 TT22 的波形频率比 TP4 的高，则应将锁相环 Pin13 的外接电容值减小，否则增大。当两信号频率相同时适当调节 W2 使 TT22 处波形清晰可见。当 TT21 处信号频率为 MHz 级时，方波上升沿与下降沿占信号周期的增大，方波会变的平滑，TT21 处信号失真属于正常现象。

3. 测试锁相环同步带

（1）将锁相倍频电路接连成 16 倍频电路，使 TT21 处输出信号锁定在 800kHz。用双踪示波器的探头分别观察 TP4 处信号和 TT22 处信号，示波器上同时显示两处信号波形，TT22 处的波形为方波。

（2）改变 TP4 或 TP7 处输入信号的频率 f_R。

①增大 f_R，观察示波器上两波形。开始时，两波形同步移动，此时处在同步跟踪状态。f_R 增加到一定值时，只有 TP4 处输入信号（正弦波）的频率 f_R 在变化，而 TT22 处信号（方波）的频率不变。此时，处于失锁状态，此时输入信号频率的记为 f_{R1}。

②在①的基础上减小 TP4 处输入信号的频率 f_R，直至进入锁定状态（两波同步移动，频率相同），如图 4-15 所示。调节 W2（逆时针调节），再增大 f_R 值直至失锁，此时 TP4 处输入信号的频率记为 f_{R2}，比较 f_{R1} 与 f_{R2} 保留最大的一个值。

③重复②，找到最大的 f_R，则锁相环的同步带为 $2\pi f_R$。

六、实验报告

（1）写明实验目的。

（2）分析锁相环倍频原理。

（3）整理锁相倍频实验中所得的数据，查找资料分析锁相环 Pin13 外接电容的作用。

（4）根据实验测出锁相环同步带值。

实验九　锁相环鉴频

一、实验目的

（1）掌握模拟锁相环的组成及工作原理。

（2）学习用集成锁相环构成锁相解调电路。

二、实验内容

完成锁相环解调实验，观察输出端解调波形。

三、实验仪器

1. 20MHz 双踪模拟示波器

2. 高频电子实验箱

3. 锁相环鉴频应用模块

四、实验原理

锁相环鉴频实验电路图如图 4-16 所示。

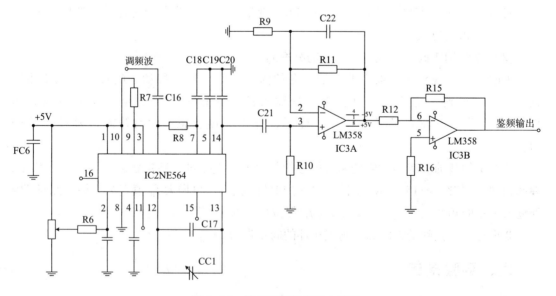

图 4-16　锁相环鉴频实验电路图

五、实验步骤

1. 电路连接

在主板上正确插好锁相环应用模块和发射模块，对照锁相环应用模块中的 PLL 频率解调部分的丝印，正确连接实验电路：K1、K2 向左拨，+5V 接 +5V，−5V 接 −5V，GND 接 GND（从主板直流电源部分 +5V、−5V 和 GND 插孔用连接线接入），检查连线正确无误后打开实验箱电源开关（实验箱左侧的船形开关）。K1、K2 向右拨，若正确连接则模块上的电源指示灯 LED1、LED2 亮。

2. 锁相鉴频实验

TP3 或 TP6 处输入调频信号（调频信号发射模块变容二极管调频单元产生提供，参考实验十一，接入电容选择：J3 向上拨，J2、J4 向下拨）。在 TT11 处用示波器观察输出波形，若无波形可调节发射模块 CC1 与锁相环模块 CC1，使锁相环内部压控振荡器锁定在载波频率，调节锁相环模块 W1 使输出波形不失真且幅度最大。

观察调制信号频率大小与调制频偏大小（调制信号的幅度及变容二极管的反向偏压）对鉴频输出信号的影响。

六、实验报告

（1）写明实验目的。

（2）分析实验原理。

实验十　调频收发系统

一、实验目的

（1）掌握调频发射机整机电路的设计与调试方法及调试中常见故障的分析与处理。

（2）学习如何将各种单元电路组合起来完成工程实际要求的整机电路设计。

（3）掌握基本的调频接收机电路的构成与调试方法。

（4）了解集成电路单片接收机的性能及应用。

二、实验内容

（1）调试发射模块的电路特性，实现发射机的正常工作。

（2）观察发射模块各点的波形。

（3）调试接收机的电路特性，实现接收机的正常接收。

（4）用接收机接收发射机信号并观察接收机各点的波形。

三、实验仪器

1. 20MHz 双踪模拟示波器

2. 万用表

3. 高频电子线路实验箱

4. 调频收发系统应用模块

四、实验原理

发射模块变容二极管调频单元产生调频波，调频波经过发射模块的功放进行功率放大，以获得较大的发射功率。经过功放放大的调频波从天线发射出去。接收机接收的调频信号是很微弱的，而且接收信号里面还有大量的干扰信号，所以接收机的高频小信号放大器对接收信号进行选频放大。经过放大滤波的信号送入鉴频器进行解调以得到调制信号。

五、实验步骤

1. 实验中可能出现的故障

高频电路由于受分布参数的影响及各种耦合与干扰的影响，使得电路的稳定性比起低频电路来要差些，同时 L、C 元件在环境温度发生变化时会有漂移，所以在 LC 调频时，电路稳定性不好。另外，由于后级功放的输出信号较强，信号经公共地线、电源线或连接导线耦合至 LC 振荡级，从而改变了振荡回路的参数或工作状态。这样在各单元电路调整好后，还要仔细进行整机联调。

2. 在主板上正确插好发射模块和接收模块。正确连接模块电源线。

（1）参考实验十一，完成变容二极管调频的调试。

（2）参考实验二，完成高频谐振功率放大器的调试

（3）发射模块 J6 向右拨，J10 向上拨，J7、J8、J9 向下拨。完成发射模块的联调，使 ANTEL 输出的信号为 10.7MHz，且幅度最大失真最小。

（4）接受模块 J1 向上拨，J2 向右拨。用实验箱所配天线的鄂鱼夹连接发射模块 AN-TEL 和接收模块 ANTEL。并使两根天线的另一头靠的很近。

（5）不加调制信号，用示波器观察系统各点波形，调试各调节元件使接收模块 TTB2 处输出 455kHz 的信号，说明鉴频器正常工作。然后在 TP3 或 TP4 处加入调制信号（1kHz，峰峰值 2V），用示波器在接收模块的 TT2 处观察解调信号。调节发射模块 CC1、T1、T2，调制信号幅度使 TT2 处信号幅度最大失真最小。

注意：整机调试有点复杂，切忌心烦气躁。在调试中要分析各点波形出现异常的原因再解决。变容二极管反向偏压、调制信号幅度及 LB1 的状态影响解调失真。LC 振荡的频率要尽量为 10.7MHz，以使鉴频芯片 MC3361 正常工作。另外变容二极管的接入系数对鉴频输出也有影响。

通过复杂的调试锻炼学生处理电路中异常现象的能力，对整个系统有更深入的理解。

六、实验报告

（1）写明实验目的。

（2）分析整个系统的工作原理，分析信号流向及变化情况。

（3）分析各调节元件的作用。

（4）分析系统干扰的产生原因及解决方法。

实验十一　调频语音通话

一、实验目的

（1）建立对实际调频通信系统的感性认识，提高学习兴趣。

（2）巩固课堂教学内容。

二、实验内容

进行调频语音通话实验。

三、实验仪器

1. 20MHz 双踪模拟示波器

2. 万用表

3. 高频电子线路实验箱

4. 调频语音通话应用模块

四、实验原理

话筒将语音信号转化为微弱的电信号，经过调幅调频语音通话单元的放大与滤波进入变容二极管调频电路，用来产生调频波。经过功放和接收模块解调出语音信号。由于解调出的语音信号很微弱，要经过功放才能驱动耳机。

五、实验步骤

（1）在主板上正确插好发射模块和接收模块。正确连接模块电源线。

（2）参考实验十六，完成 1kHz 调制信号的调制与解调。

（3）将实验箱所配的耳机话筒分别插到主板的话筒座和耳机座中。按下调幅调频语音通话单元的电源开关 K501，K502。连接发射模块 TP3（或 TP4）与调幅调频语音通话单元的输出（或 TP502），连接接收模块 TP9（或 TP8）与调幅调频语音通话单元的 TP501（或输入）

（4）戴上耳机，对着话筒说话。调节音量调节和失真调节电位器使耳机输出最清晰，噪声最小。

六、实验报告

（1）写明实验目的。

（2）分析整个系统的工作原理，分析信号流向及变化情况。

（3）写出通话调试过程中遇到的问题以及解决方法。

实验十二　调幅语音通话

一、实验目的

（1）建立对实际调幅通信系统的感性认识，提高学习兴趣。

（2）巩固课堂教学内容。

二、实验内容

进行调频语音通话实验。

三、实验仪器

1. 20MHz 双踪模拟示波器

2. 万用表

3. 高频电子线路实验箱

4. 调幅语音通话应用模块

四、实验原理

话筒将语音信号转化为微弱的电信号，经过调幅调频语音通话单元的放大与滤波进入集电极调幅电路，用来产生调幅波。经过二极管包络检波解调出语音信号。由于解调出的语音信号很微弱，要经过调幅调频语音通话单元的功放电路才能驱动耳机。

五、实验步骤

（1）在主板上正确插好集电极调幅与大信号检波模块。正确连接模块电源线。

（2）参考实验七，完成集电极调幅。

（3）1 向上拨，参考实验九完成 1kHz 信号的无失真检波。

（4）去掉 1kHz 调制信号，保留载波信号。将实验箱所配的耳机话筒分别插到主板的话筒座和耳机座中。按下调幅调频语音通话单元的电源开关 K501、K502。连接集电极调幅与大信号检波模块的 IN3（或 IN4）与调幅调频语音通话单元的输出（或 TP502），连接集电极调幅与大信号检波模块的 TP10（或 TP9）与调幅调频语音通话单元的 TP501（或输入）。

（5）戴上耳机，对着话筒说话。调节音量调节和失真调节电位器使耳机输出最清晰，噪声最小。

六、实验报告

（1）写明实验目的。
（2）分析整个系统的工作原理，分析信号流向及变化情况。
（3）写出通话调试过程中遇到的问题以及解决方法。

第五章　数字电子技术实验

实验一　基本逻辑门逻辑功能测试及应用

一、实验目的

（1）掌握基本逻辑门的功能及验证方法。

（2）掌握集成 TTL 门电路的实际应用。

（3）了解 CMOS 基本门电路的功能。

（4）掌握逻辑门多余输入端的处理方法。

二、实验原理

数字电路中，最基本的逻辑门可归结为与门、或门和非门。在实际应用时，它们可以独立使用，但使用更多的是经过逻辑组合组成的复合门电路。目前广泛使用的门电路有 TTL 门电路和 CMOS 门电路。

1. TTL 门电路

TTL 门电路是数字集成电路中应用最广泛的，由于其输入端和输出端的结构形式都采用了半导体三极管，所以一般称它为晶体管－晶体管逻辑电路，或称为 TTL 电路。这种电路的电源电压为 +5V，高电平典型值为 3.6V（≥2.4V 合格）；低电平典型值为 0.3V（≤0.45 合格）。常见的复合门有与非门、或非门、与或非门和异或门。

有时门电路的输入端多余无用，因为对 TTL 电路来说，悬空相当于"1"，所以对不同的逻辑门，其多余输入端处理方法不同。

1）TTL 与门、与非门的多余输入端的处理

如图 5-1 为四输入端与非门，若只需用两个输入端 A 和 B，那么另两个多余输入端的处理方法是：

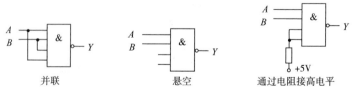

并联　　　　　　　悬空　　　　　通过电阻接高电平

图 5-1　TTL 与门、与非门多余输入端的处理

并联、悬空或通过电阻接高电平使用，这是 TTL 型与门、与非门的特定要求，但要在使用中考虑到，并联使用时，增加了门的输入电容，对前级增加容性负载和增加输出电流，使该门的抗干扰能力下降。悬空使用，逻辑上可视为"1"，但该门的输入端输入阻抗高，易受外界干扰。相比之下，多余输入端通过串接限流电阻接高电平的方法较好。

2）TTL 或门、或非门的多余输入端的处理

如图 5-2 为四输入端或非门，若只需用两个输入端 A 和 B，那么另两个多余输入端的处理方法是：并联、接低电平或接地。

3）异或门的输入端处理

异或门是由基本逻辑门组合成的复合门电路。如图 5-3 为二输入端异或门，一输

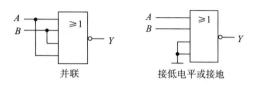

图 5-2　TTL 或门、或非门多余输入端的处理

入端为 A，若另一输入端接低电平，则输出仍为 A；若另一输入端接高电平，则输出为 $\overline{A}$，此时的异或门称为可控反相器。

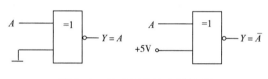

图 5-3　异或门的输入端处理

在门电路的应用中，常用到把它们"封锁"的概念。如果把与非门的任一输入端接地，则该与非门被封锁；如果把或非门的任一输入端接高电平，则该或非门被封锁。

由于 TTL 电路具有比较高的速度，比较强的抗干扰能力和足够大的输出幅度，在加上带负载能力比较强，因此在工业控制中得到了最广泛的应用，但由于 TTL 电路的功耗较大，目前还不适合作大规模集成电路。

2. CMOS 门电路

CMOS 门电路是由 NMOS 和 PMOS 管组成，初态功耗也只有毫瓦级，电源电压变化范围大 +3 ~ +18V。它的集成度很高，易制成大规模集成电路。

由于 CMOS 电路输入阻抗很高，容易接受静电感应而造成极间击穿，形成永久性的损坏，因此，在工艺上除了在电路输入端加保护电路外，使用时应注意以下几点：

（1）器件应在导电容器内存放，器件引线可用金属导线、导电泡沫等将其一并短路。

（2）V_{DD} 接电源正极，V_{SS} 接电源负极（通常接地），不允许反接。同样在装接电路，拔插集成电路时，必须切断电源，严禁带电操作。

（3）多余输入端不允许悬空，应按逻辑要求处理接电源或地，否则将会使电路的逻辑混乱并损坏器件。

（4）器件的输入信号不允许超出电源电压范围，或者说输入端的电流不得超过 10mA。

（5）CMOS 电路的电源电压应先接通，再接入信号，否则会破坏输入端的结构，工作结束时，应先断输入信号再切断电源。

（6）输出端所接电容负载不能大于 500pF，否则输出级功耗过大而损坏电路。

（7）CMOS 电路不能以线与方式进行连接。

另外，CMOS 门不使用的输入端，不能闲置呈悬空状态，应根据逻辑功能的不同，采用下列方法处理：

对于 CMOS 与门、与非门，多余端的处理方法有两种：多余端与其他有用的输入端并联使用；将多余输入端接高电平，如图 5-4 所示。

对于 CMOS 或非门，多余输入端的处理方法也有两种：多余端与其他有用的输入端并联使用；将多余输入端接地，如图 5-5 所示。

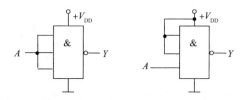 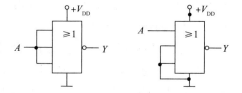

图 5-4 CMOS 与非门多余输入端的处理　　　图 5-5 CMOS 或非门多余输入端的处理

三、实验设备与器材

1. THD-4 型　　数字电路实验箱

2. GOS-620 型　　双踪示波器

3. 主要器件

74LS00　　四-2 输入与非门

74LS54　　四-2-3-3-2 输入与或非门

74LS51　　2 输入/3 输入双与或非门

74LS86　　四-2 输入异或门

四、实验内容与步骤

1. TTL 与非门的逻辑功能及应用

芯片的引脚号查法是面对芯片有字的正面，从缺口处的下方（左下角），逆时针从 1 数起。芯片要能工作，必须接电源和地。本实验所用与非门集成芯片为 74LS00 四-二输入与非门，其引脚排列如图 5-6 所示。

（1）测试 74LS00 四-2 输入与非门的逻辑功能。

选中 74LS00 一个与非门，将其输入端 A 和 B 分别接至电平输出器插孔，由电平输出控制开关控制所需电平值，扳动开关给出四种组合输入。将输出端接至发光二

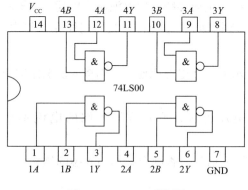

图 5-6　74LS00 引脚图

极管的输入插孔，并通过发光二极管的亮和灭来观察门的输出状态。如图 5-7 所示，其逻辑函数式为：$Y = \overline{A \cdot B}$，将观测结果填入表 5-1 中。

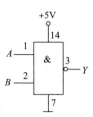

图 5-7　与非门逻辑功能测试图

表 5-1　与非逻辑功能测试表

输入		输出
A	B	Y
0	0	
0	1	
1	0	
1	1	

（2）用 74LS00 实现或逻辑：$Y = A + B$，写出转换过程逻辑函数式，画出标明引脚的逻辑电路图，测试其逻辑功能，将观测结果填入表 5-2 中。

（3）用 74LS00 实现表 5-3 所示的逻辑函数。写出设计函数式，画出标明引脚的逻辑电路图，并验证之。

表 5-2　或逻辑功能测试表

输入		输出
A	B	Y
0	0	
0	1	
1	0	
1	1	

表 5-3　数据表

输入	输出	输入	输出
$A\ B\ C$	Y	$A\ B\ C$	Y
0　0　0	0	1　0　0	0
0　0　1	0	1　0　1	0
0　1　0	0	1　1　0	1
0　1　1	1	1　1　1	1

2. TTL 与或非门的逻辑功能及应用

（1）测试与或非门的逻辑功能（74LS51 和 74LS54 任选其一）。74LS54 四 - 2 - 3 - 3 - 2 输入与或非门引脚排列如图 5-8 所示。

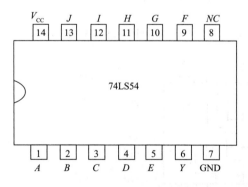
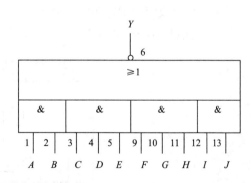

图 5-8　74LS54 引脚排列及内部逻辑图

逻辑表达式为：　　　$Y = \overline{A \cdot B + C \cdot D \cdot E + F \cdot G \cdot H + I \cdot J}$

现要求测试的逻辑函数式为：$Y = \overline{AB + CD}$。接线如图 5-9 所示，用开关改变输入变量 A、B、C、D 的状态，给出十六种组合输入，通过发光二极管观测输出端 Y 的状态，将观测结果填入表 5-4 中。

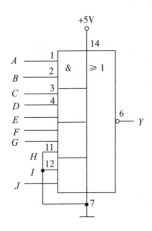

图 5-9　与或非门逻辑功能测试图

表 5-4　与或非逻辑功能测试表

输入				输出	输入				输出
A	B	C	D	Y	A	B	C	D	Y
0	0	0	0		1	0	0	0	
0	0	0	1		1	0	0	1	
0	0	1	0		1	0	1	0	
0	0	1	1		1	0	1	1	
0	1	0	0		1	1	0	0	
0	1	0	1		1	1	0	1	
0	1	1	0		1	1	1	0	
0	1	1	1		1	1	1	1	

74LS51 为 2 输入/3 输入双与或非门，引脚排列如图 5-10 所示。

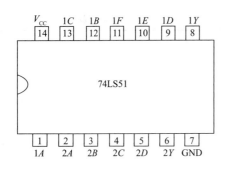
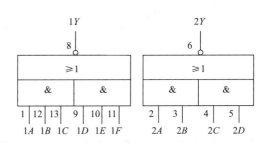

图 5-10　74LS51 引脚排列及内部逻辑图

（2）用 74LS54（或 74LS51）和 74LS00 实现表 5-3 所示的逻辑函数。写出设计函数式，画出标明引脚的逻辑电路图，并验证之。

3. TTL 异或门的逻辑功能及应用

（1）测试 74LS86 四 -2 输入异或门的逻辑功能。74LS86 引脚排列如图 5-11 所示。

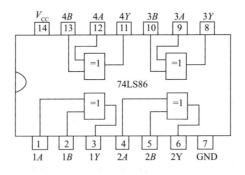

图 5-11　74LS86 引脚图

接线如图 5-11 所示，用开关改变输入变量 A、B 的状态，通过发光二极管观测输出端 Y 的状态，将观测结果填入表 5-5 中。

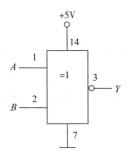

图 5-11　异或门逻辑功能测试图

表 5-5　异或门逻辑功能测试表

输入		输出
A	B	Y
0	0	
0	1	
1	0	
1	1	

（2）用 74LS86 设计一个四位二进制取反电路。写出设计函数式，列出功能表，画出标明引脚的逻辑电路图，并通过实验验证之。

五、实验报告要求

（1）将实验结果填入各相应表中，总结各门电路的逻辑功能。

（2）总结 TTL 门电路和 CMOS 门电路的多余输入端的处理方法。

（3）通过本次实验总结 TTL 及 CMOS 器件的特点及使用的收获和体会。

（4）TTL 与非门的输入端悬空可视为逻辑"1"吗？有何缺点？

（5）如果与非门的一个输入端接连续脉冲，其余端是何状态允许脉冲通过？是何状态禁止脉冲通过？

（6）欲使一个异或门实现非逻辑，电路将如何连接？为什么说异或门是可控反相器？

六、实验预习要求

（1）了解 THD-4 数字电路实验箱的基本功能及使用方法。

（2）复习教材中基本门电路的逻辑功能和结构原理。

（3）了解在使用 TTL 和 CMOS 门电路时，与非门和与或非门多余输入端分别如何处理？

（4）按实验内容要求设计逻辑电路，写出逻辑函数式。

实验二　组合逻辑电路设计

一、实验目的

（1）掌握用小规模集成电路设计组合逻辑电路的方法。

（2）掌握实现组合逻辑电路的连接和调试方法。

（3）通过功能验证锻炼解决实际问题的能力。

二、实验原理

组合逻辑电路是数字系统中逻辑电路形式的一种，它的特点是：电路任何时刻的输出状态只取决于该时刻输入信号（变量）的组合，而与电路的历史状态无关。组合逻辑电路的设计是在给定问题（逻辑命题）情况下，通过逻辑设计过程，选择合适的标准器件，搭接成实验给定问题（逻辑命题）功能的逻辑电路。

通常，设计组合逻辑电路按下述步骤进行。其流程图如图5-12所示。

（1）列真值表。设计的要求一般是用文字来描述的。设计者很难由文字描述的逻辑命题直接写出逻辑函数表达式。由于真值表在四种逻辑函数表示方法中，表示逻辑功能最为直观，故设计的第一步为列真值表。首先，对命题的因果关系进行分析，"因"为输入，"果"为输出，即"因"为逻辑变量，"果"为逻辑函数。其次，对逻辑变量赋值，即用逻辑0和逻辑1分别表示两种不同状态。最后，对命题的逻辑关系进行分析，确定有几个输入，几个输出，按逻辑关系列出真值表。

（2）由真值表写出逻辑函数表达式。

（3）对逻辑函数进行化简。若由真值表写出的逻辑函数表达式不最简，应利用公式法或卡诺图法进行逻辑函数化简，得出最简式。如果对所用器件有要求，还需将最简式转换成相应的形式。

（4）按最简式画出逻辑电路图。

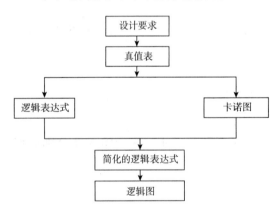

图5-12 组合逻辑电路设计流程图

通常情况下的逻辑设计都是在理想情况下进行的，但是由于半导体参数的离散性以及电路存在过渡过程，造成信号在传输过程中通过传输线或器件都需要一个响应时间——延迟。所以，在理想情况下设计出的电路有时在实际应用中会出现一些错误，这就是组合逻辑电路中的竞争与冒险，应在逻辑设计中要特别注意的。当设计出一个组合逻辑电路后，首先应进行静态测试，也即先按真值表依次改变输入变量，测得相应的输出逻辑值，检验逻辑功能是否正确。然后再进行动态测试，观察有否存在竞争冒险。对于不影响电路功能的冒险可以不必消除，而对于影响电路工作的冒险，在分析属于何种类型冒险后，设法给于消除。

总之，组合逻辑电路设计的最佳方案，应是在级数允许的条件下，使用器件少，电路简单，而且随着科学技术的发展，各种规模的集成电路不断出现，给逻辑设计提供了多种可能的条件，所以在设计中应在条件许可和满足经济效益的前提下尽可能采用性能好的器件。

【例1】设计一个三变量的多数表决电路。执行的功能是：少数服从多数，多数赞成时决议生效。用与非门实现。

解：1）逻辑设计

在这个逻辑问题中，设 A、B、C 为输入变量，分别代表参加表决的逻辑变量，变量为1表示赞成，为0表示反对；设 Y 为输出变量，表示表决结果，为1表示通过，为0表示不通过。列出真值表如表5-6所示。

表5-6　三变量表决电路真值表

输入			输出
A	B	C	Y
0	0	0	0
0	0	1	0
0	1	0	0
0	1	1	1
1	0	0	0
1	0	1	1
1	1	0	1
1	1	1	1

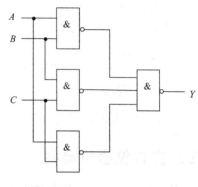

图5-13　三人表决逻辑图

根据真值表5-6写出 Y 的与或表达式，即：$Y = AC + AB + BC$。

实验仅提供与非门，如实现上述逻辑，则必须化简为"与非"的形式，即：$Y = \overline{\overline{AC} \cdot \overline{AB} \cdot \overline{BC}}$。

2）拟订实验线路并进行验证

画出接线图如图5-13所示。输入端 A、B、C 分别接三个逻辑开关，输出端 Y 接逻辑电平指示灯。将测试结果与真值表5-6对照验证。

【例2】某工厂有 A、B、C 三个车间，各需电力 $10\mathrm{kW}$，由变电所的 X、Y 两台变压器供电。其中 X 变压器的功率为 $13\mathrm{kV} \cdot \mathrm{A}$，$Y$ 变压器的功率为 $25\mathrm{kV} \cdot \mathrm{A}$。为合理供电，需设计一个送电控制电路。使控制电路的输出接继电器线圈。送电时线圈通电；不送电时线圈不通电。提供"异或"门（74LS86）、"与非"门（74LS00）、"与或非"门（74LS54）各一片。完成设计电路，并标出集成电路型号及相应的管脚号。

解：根据命题的因果关系可以确定 A、B、C 为输入变量，X、Y 为输出逻辑函数。现赋值如下：工作用1表示，不工作用0表示；送电用1表示，不送电用0表示。三个车间的工作情况及变压器是否供电，列入表5-7中。经公式变换和化简得：

$$X = \overline{A}\,\overline{B}C + \overline{A}B\overline{C} + A\overline{B}\,\overline{C} + ABC = \overline{A}\,(\overline{B}C + B\overline{C})\ + A\,(\overline{B}\,\overline{C} + BC) = A \oplus B \oplus C$$

$$Y = AB + BC + AC = \overline{\overline{AB} \cdot \overline{BC} \cdot \overline{AC}}$$

画出接线图如图5-14所示。输入端 A、B、C 分别接三个逻辑开关，输出端 X 和 Y 接逻辑电平指示灯。将测试结果与真值表5-7对照验证。

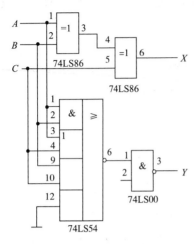

图 5-14　例题 2 实验逻辑图

表 5-7　控制电路真值表

输　　　入			输出
A	B	C	Y
0	0	0	0
0	0	1	0
0	1	0	0
0	1	1	1
1	0	0	0
1	0	1	1
1	1	0	1
1	1	1	1

三、实验仪器与器材

1. THD-4 型　　　　　数字电路实验箱

2. GOS-620 型　　　　双踪示波器

3. 主要器件

74LS00　　　　　　　四-2 输入与非门

74LS54　　　　　　　四-2-3-3-2 输入与或非门

74LS51　　　　　　　2 输入/3 输入双与或非门

74LS86　　　　　　　四-2 输入异或门

四、实验内容与步骤

（1）设计一个四变量的多数表决电路。当输入变量 A、B、C、D 有三个或三个以上为 1 时，输出 Y 为 1；否则为 0。提供"异或"门（74LS86）、"与非"门（74LS00）、"与或非"门（74LS54 或 74LS51）各一片，写出设计过程，画出逻辑图，并在实验仪器上进行验证。

（2）某工厂有三个车间 A、B、C，有一个自备电站，站内有二台发电机 M 和 N，N 的发电能力是 M 的两倍，如果一个车间开工，启动 M 就可以满足要求；如果两个车间开工，启动 N 就可以满足要求；如果三个车间同时开工，同时启动 M、N 才能满足要求。试用异或门和与非门设计一个控制电路，因车间开工情况来控制 M 和 N 的启动，写出设计过程，画出逻辑图。在实验仪器上进行验证。

（3）设计一个加减器。即在附加变量 M 控制下，既能做加法运算又能做减法运算。操作数为两个一位二进制数与低位的进位/借位。用异或门、与非门和与或非门实现，画出逻辑图。在实验仪器上进行验证。

（4）试设计一个 8421BCD 码的检码电路。要求当输入变量 ABCD ≤ 2，或 ≥ 7 时，电

路输出 Y 为高电平，否则为低电平。用异或门、与非门和与或非门实现，写出设计过程，画出逻辑图。在实验仪器上进行验证。

五、实验报告要求

（1）列写实验任务的设计过程，画出设计的逻辑电路图，并注明所用集成电路的引脚号。

（2）拟定记录测量结果的表格。

（3）总结用小规模数字集成电路设计组合电路的方法。

六、实验预习要求

（1）复习组合逻辑电路的设计方法。

（2）熟悉本实验所用各种集成电路的型号及引脚号。

（3）根据实验内容所给定的设计命题要求，按设计步骤写出真值表、输出函数表达式、卡诺图化简过程。并按指定逻辑写出表达式。

（4）根据实验要求画出标有集成电路的型号及引脚号的逻辑电路图。

实验三　全加器、译码器及数码显示电路

一、实验目的

（1）掌握全加器逻辑功能，熟悉集成加法器及其使用方法。

（2）掌握用七段译码器和七段数码管显示十进制数的方法。

（3）掌握中规模集成电路译码的工作原理及其逻辑功能。

二、实验原理

1. 全加器

全加器是一种由被加数、加数和来自低位的进位数三者相加的运算器。基本功能是实现二进制加法。全加器的功能表见表 5-8。

表 5-8　全加器的功能表

输入			输出		输入			输出	
CI	A	B	S	CO	CI	A	B	S	CO
0	0	0	0	0	1	0	0	1	0
0	0	1	1	0	1	0	1	0	1
0	1	0	1	0	1	1	0	0	1
0	1	1	0	1	1	1	1	1	1

全加器的输出逻辑表达式：

$$S = A \oplus B \oplus CI$$

$$CO = （A \oplus B）CI + AB$$

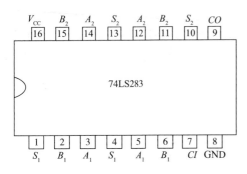

图 5-15　74LS283 集成芯片引脚图

目前，普遍应用的全加器的集成电路是74LS283，它是由超前进位电路构成的快速进位的 4 位全加器电路，可实现两个四位二进制的全加。其集成芯片引脚图如图 5-15 所示。加进位输入 CI 和进位输出 CO 主要用来扩大加法器字长，作为组间行波进位之用。由于它采用超前进位方式，所以进位传送速度快，主要用于高速数字计算机、数据处理及控制系统。

若某一逻辑函数的输出恰好等于输入代码所表示的数加上另一常数或另一组输入代码时，则用全加器实现非常方便。

【例 3】用 74LS283 设计一个四位二进制数（$A = A_3A_2A_1A_0$）大小可变的比较器。当控制信号 $M = 0$，$A \geq 8$ 时，输出为 1；当控制信号 $M = 1$，$A \geq 4$ 时，输出为 1。

解：74LS283 有五个输出端，只有进位输出 CO 在两个二进制相加大于等于 16 之后输出为 1，而小于 16 时输出为 0。这一特点与命题要求相符，故选 CO 作为比较器的输出。

当 $M = 0$ 时，$A \geq 8$，要使 $CO = 1$，必定得加 1000，即 $B_3B_2B_1B_0 = 1000$。

当 $M = 1$ 时，$A \geq 4$，要使 $CO = 1$，必定得加 1100，即 $B_3B_2B_1B_0 = 1100$。

二者综合，应使 $B_3B_2B_1B_0 = 1M00$。其逻辑电路图如图 5-16，真值表如表 5-9 所示。

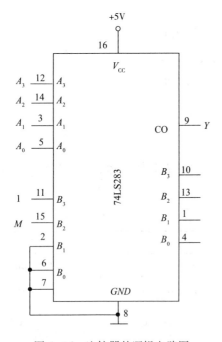

图 5-16　比较器的逻辑电路图

表 5-9　真值表

M	A_3	A_2	A_1	A_0	S	M	A_3	A_2	A_1	A_0	S
0	0	0	0	0	0	1	0	0	0	0	0
0	0	0	0	1	0	1	0	0	0	1	0
0	0	0	1	0	0	1	0	0	1	0	0
0	0	0	1	1	0	1	0	0	1	1	0
0	0	1	0	0	0	1	0	1	0	0	1
0	0	1	0	1	0	1	0	1	0	1	1
0	0	1	1	0	0	1	0	1	1	0	1
0	0	1	1	1	0	1	0	1	1	1	1
0	1	0	0	0	1	1	1	0	0	0	1
0	1	0	0	1	1	1	1	0	0	1	1
0	1	0	1	0	1	1	1	0	1	0	1
0	1	0	1	1	1	1	1	0	1	1	1
0	1	1	0	0	1	1	1	1	0	0	1
0	1	1	0	1	1	1	1	1	0	1	1
0	1	1	1	0	1	1	1	1	1	0	1
0	1	1	1	1	1	1	1	1	1	1	1

由于全加器的输出是输入信号的异或逻辑，所以利用这个功能可以组成二进制代码的奇偶校验电路和四位原码/反码发生器。

应用全加器还可以把 8421BCD 码转换成余 3 码。首先用全加器构成四位二进制并行加法器，由于"余 3 码"是 8421BCD 码加上 3，所以把四位并行加法器的加数输入固定数码（0011），则从被加数输入端输出 8421BCD 码时，输出便为余 3 码。

2. 译码器

译码器是一个多输入、多输出的组合逻辑电路。它的作用是把给定的代码进行"翻译"，变成相应的状态，使输出通道中相应的一路有信号输出。译码器在数字系统中有广泛的用途，不仅用于代码的转换、终端的数字显示，还用于数据分配，存贮器寻址和组合控制信号等。不同的功能可选用不同种类的译码器。

译码器可分为通用译码器和显示译码器两大类。前者又分为变量译码器和代码变换译码器。

1）变量译码器（又称二进制译码器）

用以表示输入变量的状态，如 2 线 – 4 线、3 线 – 8 线和 4 线 – 16 线译码器。若有 n 个输入变量，则有 2^n 个不同的组合状态，就有 2^n 个输出端供其使用。而每一个输出所代表的函数对应于 n 个输入变量的最小项。

如 3 线 – 8 线译码器 74LS138，图 5-17（a）、（b）分别为其逻辑图及引脚排列。

其中 A_2、A_1、A_0 为地址输入端，$\overline{Y}_0 \sim \overline{Y}_7$ 为译码输出端，S_1、$\overline{S}_2$、$\overline{S}_3$ 为使能端。

当 $S_1 = 1$，$\overline{S}_2 + \overline{S}_3 = 0$ 时，器件使能，地址码所指定的输出端有信号（为 0）输出，其他所有输出端均无信号（全为 1）输出。当 $S_1 = 0$，$\overline{S}_2 + \overline{S}_3 = X$ 时，或 $S_1 = X$，$\overline{S}_2 + \overline{S}_3 = 1$ 时，译码器被禁止，所有输出同时为 1。

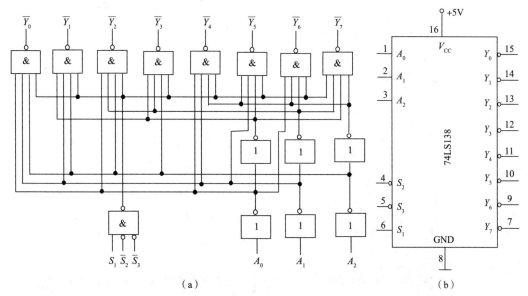

图 5-17　3 线 – 8 线译码器 74LS138 逻辑图及引脚排列

二进制译码器实际上也是负脉冲输出的脉冲分配器。若利用使能端中的一个输入端输入数据信息，器件就成为一个数据分配器（又称多路分配器），如图5-18所示。若在S_1输入端输入数据信息，$\overline{S_2} = \overline{S_3} = 0$，地址码所对应的输出是$S_1$数据信息的反码；若从$\overline{S_2}$端输入数据信息，令$S_1 = 1$、$\overline{S_3} = 0$，地址码所对应的输出就是$\overline{S_2}$端数据信息的原码。若数据信息是时钟脉冲，则数据分配器便成为时钟脉冲分配器。

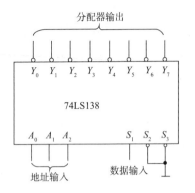

图5-18　用74LS138实现的数据分配器

根据输入地址的不同组合译出唯一地址，故可用作地址译码器。接成多路分配器，可将一个信号源的数据信息传输到不同的地点。

2）显示译码器

（1）七段发光二极管（LED）数码。LED数码管是目前最常用的数字显示器，图5-19为共阴管和共阳管的电路和两种不同出线形式的引出脚功能图。一个LED数码管可用来显示一位0~9十进制数和一个小数点。小型数码管（0.5寸和0.36寸）每段发光二极管的正向压降，随显示光（通常为红、绿、黄、橙色）的颜色不同略有差别，通常约为2~2.5V，每个发光二极管的点亮电流在5~10mA。LED数码管要显示BCD码所表示的十进制数字就需要有一个专门的译码器，该译码器不但要完成译码功能，还要有相当的驱动能力。

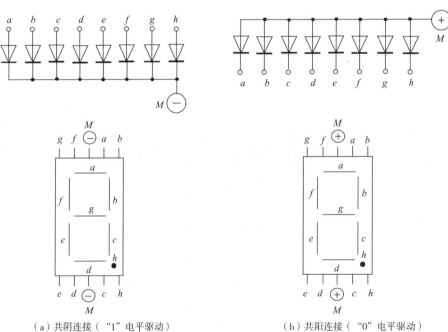

（a）共阴连接（"1"电平驱动）　　　　（b）共阳连接（"0"电平驱动）

图5-19　LED数码管

（2）BCD 码七段译码驱动器。此类译码器型号有 74LS47（共阳），74LS48（共阴），CC4511（共阴）等，本实验系采用 CC4511BCD 码锁存／七段译码／驱动器。驱动共阴极 LED 数码管。图 5-20 为 CC4511 引脚图。

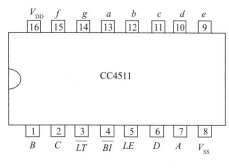

图 5-20　CC4511 引脚图

其中：A、B、C、D——BCD 码输入端；a、b、c、d、e、f、g——译码输出端，输出"1"有效，用来驱动共阴极 LED 数码管。

$\overline{LT}$——测试输入端，$\overline{LT}$ = "0" 时，译码输出全为 "1"。

$\overline{BI}$——消隐输入端，$\overline{BI}$ = "0" 时，译码输出全为 "0"。

LE——锁定端，LE = "1" 时译码器处于锁定（保持）状态，译码输出保持在 LE = 0 时的数值，LE = 0 为正常译码。表 5-10 为 CC4511 功能表。CC4511 内接有上拉电阻，故只需在输出端与数码管笔段之间串入限流电阻即可工作。译码器还有拒伪码功能，当输入码超过 1001 时，输出全为 "0"，数码管熄灭。

在本数字电路实验装置上已完成了译码器 CC4511 和数码管 BS202 之间的连

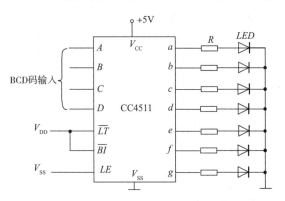

图 5-21　CC4511 驱动一位 LED 数码管

接。实验时，只要接通 +5V 电源和将十进制数的 BCD 码接至译码器的相应输入端 A、B、C、D 即可显示 0～9 的数字。四位数码管可接受四组 BCD 码输入。CC4511 与 LED 数码管的连接如图 5-21 所示。

表 5-10　CC4511 功能表

输　　入							输　　出							显示字形
LE	$\overline{BI}$	$\overline{LT}$	D	C	B	A	A	b	c	d	e	f	g	
×	×	0	×	×	×	×	1	1	1	1	1	1	1	8
×	0	1	×	×	×	×	0	0	0	0	0	0	0	消隐
0	1	1	0	0	0	0	1	1	1	1	1	1	0	0
0	1	1	0	0	0	1	0	1	1	0	0	0	0	1
0	1	1	0	0	1	0	1	1	0	1	1	0	1	2
0	1	1	0	0	1	1	1	1	1	1	0	0	1	3
0	1	1	0	1	0	0	0	1	1	0	0	1	1	4
0	1	1	0	1	0	1	1	0	1	1	0	1	1	5

续表

输　　入							输　　出							显示字形
LE	$\overline{BI}$	$\overline{LT}$	D	C	B	A	A	b	c	d	e	f	g	
0	1	1	0	1	1	0	0	0	1	1	1	1	1	ｂ
0	1	1	0	1	1	1	1	1	1	0	0	0	0	７
0	1	1	1	0	0	0	1	1	1	1	1	1	1	８
0	1	1	1	0	0	1	1	1	1	0	0	1	1	９
0	1	1	1	0	1	0	0	0	0	0	0	0	0	消隐
0	1	1	1	0	1	1	0	0	0	0	0	0	0	消隐
0	1	1	1	1	0	0	0	0	0	0	0	0	0	消隐
0	1	1	1	1	0	1	0	0	0	0	0	0	0	消隐
0	1	1	1	1	1	0	0	0	0	0	0	0	0	消隐
0	1	1	1	1	1	1	0	0	0	0	0	0	0	消隐
1	1	1	×	×	×	×	锁　　　　存							锁存

74LS20 双 4 输入与非门引脚图如图 5-22 所示。

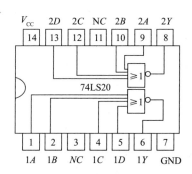

图 5-22　74LS20 引脚图

三、实验仪器与器材

1. THD-4 型　　　　数字电路实验箱

2. GOS-620 型　　　双踪示波器

3. 主要器件

74LS20　　　　　　双 4 输入与非门

74LS86　　　　　　四-2 输入异或门

74LS283　　　　　　四位二进制全加器

74LS1383　　　　　线-8 线译码器

四、实验内容与步骤

（1）试用"与非"门、"异或"门和"与或非"门三种门电路构成一位全加器电路。列出真值表，写出表达式，画出逻辑图。在实验仪器上进行验证。

（2）用 74LS283 设计一个码制转换电路，将余 3 码转换成 8421BCD 码。列出真值表，写出表达式，画出逻辑图。

测试所设计转换器的功能。实验前在逻辑图上标出被加数的数值。实验时通过开关输入余 3 码，通过观察发光二极管的状态来验证转换是否正确。

（3）在实验内容 2 基础上，再进一步完成译码显示功能。

将 8421BCD 码的输出分别接至译码/驱动器 CC4511 的对应输入口 D、C、B、A，接上 $+5$ V 显示器的电源，观测 8421BCD 码与 LED 数码管显示的十进制数是否一致。

（4）用 3 线 -8 线译码器 74LS138 和双 4 输入与非门 74LS20 设计 1 位全加器电路，列出真值表，写出表达式，画出逻辑图，并在实验仪器上进行验证。

五、实验报告要

（1）列写实验任务的设计过程，画出设计的逻辑电路图，并注明所用集成电路的引脚号。

（2）拟定记录测量结果的表格。

（3）总结用 74LS138 设计组合电路的方法。

（4）总结用四位二进制全加器 74LS283 设计代码转换电路的方法。

六、实验预习要求

（1）复习有关全加器和译码器的原理。

（2）复习译码显示电路的工作过程。

（3）根据实验的要求，画出逻辑电路图，拟定记录表格。

实验四　数据选择器及应用

一、实验目的

（1）掌握数据选择器的工作原理及逻辑功能。

（2）熟悉 74LS153 和 74LS151 的管脚排列和测试方法。

（3）学习用数据选择器构成组合逻辑电路的方法。

二、实验原理

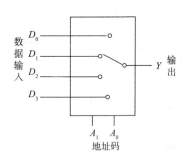

图 5-23 四选一数据选择器示意图

数据选择器又称多路转换器或多路开关，其功能是在地址码（或叫选择控制）电位的控制下，从几个数据输入中选择一个并将其送到一个公共输出端。数据选择器的功能类似一个多掷开关，如图 5-23 所示，图中有四路数据 $D_0 \sim D_3$ 通过选择控制信号 A_1、A_0（地址码）从四路数据中选中某一路数据送至输出端 Y。

一个 n 个地址端的数据选择器，具有 2^n 个数据选择功能。例如：数据选择器（74LS153），$n = 2$，可完成四选一的功能；数据选择器（74LS151），$n = 3$，可完成八选一的功能。

1. 双 4 选 1 数据选择器 74LS153

所谓双 4 选 1 数据选择器就是在一块集成芯片上有 2 个 4 选 1 数据选择器。集成芯片引脚排列如图 5-24，功能如表 5-11 所示。

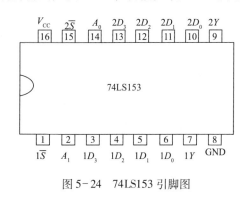

图 5-24 74LS153 引脚图

表 5-11 74LS153 功能表

输 入			输 出
$\bar{S}$	A_1	A_0	Y
1	×	×	0
0	0	0	D_0
0	0	1	D_1
0	1	0	D_2
0	1	1	D_3

$1\bar{S}$、$2\bar{S}$ 为两个独立的使能端；A_1、A_0 为公用的地址输入端；$1D_0 \sim 1D_3$ 和 $2D_0 \sim 2D_3$ 分别为 2 个 4 选 1 数据选择器的数据输入端；Q_1、Q_2 为两个输出端。

（1）当使能端 $1\bar{S}$（$2\bar{S}$）=1 时，多路开关被禁止，无输出，$Q = 0$。

（2）当使能端 $1\bar{S}$（$2\bar{S}$）=0 时，多路开关正常工作，根据地址码 A_1、A_0 的状态，将相应的数据 $D_0 \sim D_3$ 送到输出端 Q。

如：$A_1A_0 = 00$　则选择 D_0 数据到输出端，即 $Q = D_0$。

$A_1A_0 = 01$　则选择 D_1 数据到输出端，即 $Q = D_1$，其余类推。

数据选择器的用途很多，例如多通道传输，数码比较，并行码变串行码，以及实现逻辑函数等。

2. 8 选 1 数据选择器 74LS151

74LS151 为互补输出的 8 选 1 数据选择器，集成芯片引脚排列如图 5-25 所示，功能如表 5-12 所示。

选择控制端（地址端）为 $A_2 \sim A_0$，按二进制译码，从 8 个输入数据 $D_0 \sim D_7$ 中，选择一个需要的数据送到输出端 Q，$\bar{S}$ 为使能端，低电平有效。

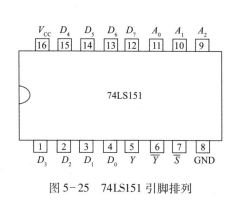

图 5-25 74LS151 引脚排列

表 5-12 74LS151 功能表

输		入		输	出
$\bar{S}$	A_2	A_1	A_0	Y	$\bar{Y}$
1	×	×	×	0	1
0	0	0	0	D_0	$\bar{D}_0$
0	0	0	1	D_1	$\bar{D}_1$
0	0	1	0	D_2	$\bar{D}_2$
0	0	1	1	D_3	$\bar{D}_3$
0	1	0	0	D_4	$\bar{D}_4$
0	1	0	1	D_5	$\bar{D}_5$
0	1	1	0	D_6	$\bar{D}_6$
0	1	1	1	D_7	$\bar{D}_7$

（1）使能端 $\bar{S}=1$ 时，不论 $A_2 \sim A_0$ 状态如何，均无输出（$Q=0$，$\bar{Q}=1$），多路开关被禁止。

（2）使能端 $\bar{S}=0$ 时，多路开关正常工作，根据地址码 A_2、A_1、A_0 的状态选择 $D_0 \sim D_7$ 中某一个通道的数据输送到输出端 Q。如：$A_2A_1A_0=000$，则选择 D_0 数据到输出端，即 $Q=D_0$；$A_2A_1A_0=001$，则选择 D_1 数据到输出端，即 $Q=D_1$，其余类推。

3. 数据选择器的应用

数据选择器的应用很广，它可以作二进制比较器、二进制发生器、图形发生电路、顺序选择电路等。在应用中，设计电路时可以根据给定变量个数的需要，选择合适的多路选择器来完成，具体设计步骤如下：

（1）根据所给出组合逻辑函数的变量数，选择合适的多路选择器。一般是两个变量的函数选双输入多路选择器，三变量的函数选四输入多路选择器，四变量的函数选 8 输入多路选择器……。

（2）画出逻辑函数的卡诺图，确定多路选择器输入端和控制端与变量的连接形式，画出组合电路图。

【例 4】用双 4 选 1 数据选择器 74LS153 实现一位全加器。

解：根据全加器真值表，可写出和 S，高位进位 CO 的逻辑函数，分别为：

$$S = A \oplus B \oplus CI = \bar{A}\,\bar{B}CI + \bar{A}B\,\bar{CI} + A\bar{B}\,\bar{CI} + ABCI$$

$$CO = (A \oplus B)\,CI + AB = \bar{A}BCI + A\bar{B}CI + AB$$

A_1A_0 作为两个输入变量，即加数和被加数 A、B，$D_0 \sim D_3$ 为第三个输入变量，即低位进位 CI，$1Y$ 为全加器的和 S，$2Y$ 全加器的高位进位 CO，则可令数据选择器的输入为：

$$A_1 = A, \qquad A_0 = B;$$

$$1D_0 = 1D_3 = CI, \qquad 1D_1 = 1D_2 = \overline{CI};$$

$$2D_0 = 0, \qquad 2D_3 = 1, \qquad 2D_1 = 2D_2 = CI_0$$

其逻辑电路如图 5-26 所示。

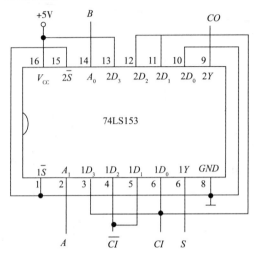

图 5-26 用 74LS153 实现全加器逻辑图

【例 5】用 8 选 1 数据选择器 74LS151 实现函数 $Y = \overline{AB} + \overline{AC} + B\overline{C}$。

解：采用 8 选 1 数据选择器 74LS151 可实现任意三输入变量的组合逻辑函数。

作出函数 Y 的功能表，如表 5-13 所示，将函数 Y 功能表与 8 选 1 数据选择器的功能表相比较，可知：①将输入变量 C、B、A 作为 8 选 1 数据选择器的地址码 A_2、A_1、A_0；②使 8 选 1 数据选择器的各数据输入 $D_0 \sim D_7$ 分别与函数 Y 的输出值一一相对应。

即：$A_2 A_1 A_0 = CBA$,

$D_0 = D_7 = 0$, $D_1 = D_2 = D_3 = D_4 = D_5 = D_6 = 1_0$。

则 8 选 1 数据选择器的输出 Y 便实现了函数。接线图如图 5-27 所示。

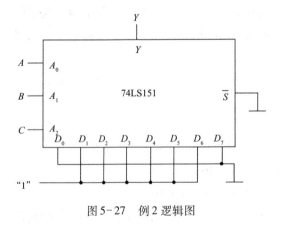

图 5-27 例 2 逻辑图

表 5-13 函数 $Y = A\overline{B} + \overline{A}C + B\overline{C}$ 功能表

输	入		输 出
C	B	A	Y
0	0	0	0
0	0	1	1
0	1	0	1
0	1	1	1
1	0	0	1
1	0	1	1
1	1	0	1
1	1	1	0

三、实验仪器与器材

1. THD - 4 型　　　　数字电路实验箱
2. 主要器件
74LS00　　　　　　四 2 输入与非门
74LS20　　　　　　双 4 输入与非门
74LS86　　　　　　四 - 2 输入异或门
74LS151　　　　　　8 选 1 数据选择器
74LS153　　　　　　双 4 选 1 数据选择器

四、实验内容与步骤

（1）用双 4 选 1 数据选择器 74LS153 实现一位全减器。输入为被减数、减数和来自低位的借位；输出为两数之差和向高位的借位信号。写出设计过程，画出逻辑图。在实验仪器上进行验证。

（2）用双 4 选 1 数据选择器 74LS153 设计一个四位奇偶校验器。要求：含有奇数 1 时，输出为 "1"，含有偶数个 1 时（包含 0000）输出为 "0"。写出设计过程，画出逻辑图。在实验仪器上进行验证。

（3）用 8 选 1 数据选择器 74LS151 设计一个多数表决电路。该电路有三个输入端 A、B、C，分别代表三个人的表决情况。"同意" 为 1 态，"不同意" 为 0 态，当多数同意时，输出为 1 态，否则输出为 0 态。写出设计过程，画出逻辑图。在实验仪器上进行验证。

五、实验报告要求

（1）列写实验任务的设计过程，画出设计的逻辑电路图，并注明所用集成电路的引脚号。

（2）拟定记录测量结果的表格。

（3）总结 74LS153、74LS151 的逻辑功能和特点。

（4）总结用数据选择器实现组合逻辑电路的方法。

六、实验预习要求

（1）复习组合逻辑电路的分析方法及设计方法。

（2）了解数据选择器的原理及功能。

（3）按本次实验内容及要求设计电路，列出表格。

实验五　触发器及其应用

一、实验目的

1. 熟悉各类触发器的逻辑功能及特性。
2. 熟悉触发器之间相互转换的方法。
3. 掌握和熟练的应用各种集成触发器。
4. 学习简单时序逻辑电路的分析和检验方法。

二、实验原理

　　触发器是一个具有记忆功能的二进制信息存储器件，是组成时序电路的最基本单元，也是数字电路中另一种重要的单元电路，它在数字系统和计算机中有着广泛的应用。触发器具有两个稳定状态，用以表示逻辑状态"1"和"0"，在一定的外界信号作用下，可以从一个稳定状态翻转到另一个稳定状态。触发器有集成触发器和门电路组成的触发器；按其逻辑功能，可分为 $R-S$ 触发器、JK 触发器、D 触发器、T 触发器、T' 触发器等。

　　1. 集成触发器

　　1）集成 D 触发器

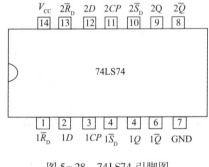

图 5-28　74LS74 引脚图

　　在输入信号为单端的情况下，D 触发器用起来最为方便，其状态方程为：$Q^{n+1}=D$，输出状态的更新发生在 CP 脉冲的上升沿，故又称为上升沿触发的边沿触发器，触发器的状态只取决于时钟到来前 D 端的状态，D 触发器的应用很广，可用作数字信号的寄存，移位寄存，分频和波形发生等。

　　74LS74 是上升沿触发的双 D 触发器，其引脚排列见图 5-28。74LS74 的逻辑功能表见表 5-14。

表 5-14　74LS74 功能表

输　入				输　出	
$\overline{S}_{\mathrm{D}}$	$\overline{R}_{\mathrm{D}}$	CP	D	Q^{n+1}	$\overline{Q}^{n+1}$
0	1	×	×	1	0
1	0	×	×	0	1
0	0	×	×	φ	φ
1	1	↑	1	1	0
1	1	↑	0	0	1
1	1	↓	×	Q^n	$\overline{Q}^n$

注：×—任意态；↓—高到低电平跳变；↑—低到高电平跳变；Q^n（$\overline{Q}^n$）—现态；Q^{n+1}（$\overline{Q}^{n+1}$）—次态；φ—不定态。

2）集成 JK 触发器

在输入信号为双端的情况下，JK 触发器是功能完善、使用灵活和通用性较强的一种触发器。双下降沿 JK 触发器74LS112，在时钟脉冲 CP 的后沿（负跳变）发生翻转，它具有置0、置1、计数和保持功能。74LS112引脚排列如图5-29所示。功能如表5-15所示。

JK 触发器的状态方程为 $Q^{n+1} = \overline{J}Q^n + \overline{K}Q^n$

J 和 K 是数据输入端，是触发器状态更新的依据，若 J、K 有两个或两个以上输入端时，组成"与"的关系。Q 与为两个互补输出端。通常把 $Q = 0$、$\overline{Q} = 1$ 的状态定为触发器"0"状态；而把 $Q = 1$、$\overline{Q} = 0$ 定为"1"状态。JK 触发器常被用作缓冲存储器，移位寄存器和计数器。

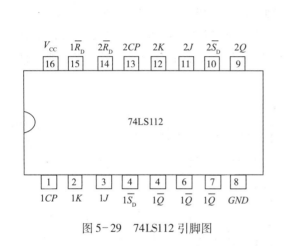

图5-29 74LS112引脚图

表5-15 74LS112功能表

输 入					输 出	
$\overline{S}_D$	$\overline{R}_D$	CP	J	K	Q^{n+1}	$\overline{Q}^{n+1}$
0	1	×	×	×	1	0
1	0	×	×	×	0	1
0	0	×	×	×	φ	φ
1	1	↓	0	0	Q^n	$\overline{Q}^n$
1	1	↓	1	0	1	0
1	1	↓	0	1	0	1
1	1	↓	1	1	$\overline{Q}^n$	Q^n
1	1	↑	×	×	Q^n	$\overline{Q}^n$

JK 触发器、D 触发器一般都有异步置位、复位端，作用是预置触发器初态。当不使用时，必须接高电平（或接到电源 +5V 上），不允许悬空，否则容易引入干扰信号，使触发器误动作。

3）T 触发器和 T' 触发器

T 触发器具有计数和保持功能，T' 触发器具有计数功能，它们可以通过 D 触发器或 JK 触发器转换来实现。D 触发器的 D 端与 $\overline{Q}$ 端相连即构成 T' 触发器，在时钟脉冲 CP 的前沿（正跳变）发生翻转。利用下降沿 JK 触发器在其 JK 两端都接1时即成为 T' 触发器，在时钟脉冲 CP 的后沿（负跳变）发生翻转。

2. 触发器的功能转换

在集成触发器的产品中，每一种触发器都有自己固定的逻辑功能。但可以利用转换的方法获得具有其他功能的触发器。即要用一种类型触发器代替另一种类型触发器，这就需要进行触发器的功能转换。转换方法见表5-16。

表5-16 触发器的功能转换表

原触发器	转 换 成				
	T 触发器	T' 触发器	D 触发器	JK 触发器	RS 触发器
D 触发器	$D = T \oplus Q^n$	$D = \overline{Q}$		$D = \overline{J}Q^n + \overline{K}Q^n$	$D = S + \overline{R}Q^n$
JK 触发器	$J = K = T$	$J = K = 1$	$J = D,\ K = \overline{D}$		$J = S,\ K = R$ 约束条件:$SR = 0$
RS 触发器	$R = TQ^n$ $S = \overline{T}Q^n$	$R = Q^n$ $S = \overline{Q}^n$	$R = \overline{D}$ $S = D$	$R = KQ^n$ $S = \overline{J}Q^n$	

3. 触发器的应用

1)用触发器组成计数器

触发器具有 0 和 1 两种状态,因此用一个触发器就可以表示一位二进制数。如果把 n 个触发器串起来,就可以表示 n 位二进制数。对于十进制计数器,它的十个数码要求有十个状态,要用四位二进制数来构成。如图 5-30 是由 D 触发器组成的四位异步二进制加法计数器。

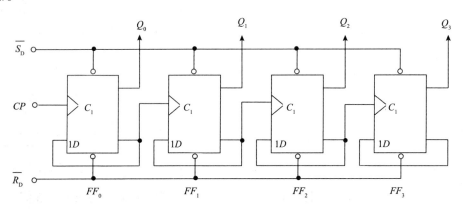

图 5-30 D 触发器组成的四位异步二进制加法计数器

2)用触发器组成移位寄存器

不论哪种触发器都有两个互相对立的状态"1"和"0",而且在触发器翻转之后,都能保持原状态,所以可把触发器看作一个能存一位二进制数的存储单元,又由于它只是用于暂时存储信息,故称为寄存器。

以移位寄存器为例,它是一种由触发器链形连接构成同步时序电路,每个触发器的输出连到下一级触发器的控制输入端,在时钟脉冲的作用下,将存储在移位寄存器中的信息逐位地左移或右移。

图 5-31 所示是一种由 D 触发器构成的单向移位寄存器。可把信号从串入端输入,在时钟脉冲 CP 的作用下,按高位先入、低位后入的顺序进行。这种电路有两种输出方式,即串出和并出,取输出位置是不一样的,应特别注意。

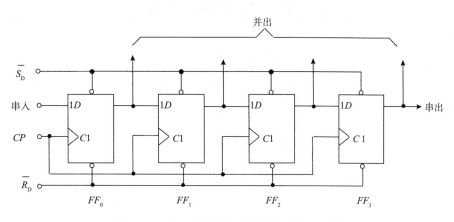

图5-31 用D触发器构成的单向移位寄存器

三、实验仪器与器材

1. THD-4型　　　　　数字电路实验箱
2. GOS-620型　　　　双踪示波器
3. 主要器件
74LS112　　　　　　双下降沿 JK 触发器
74LS74　　　　　　　双上升沿 D 触发器
74LS00　　　　　　　四-2输入与非门

四、实验内容与步骤

1. 集成 JK 触发器的逻辑功能测试

1）测试 $\overline{R}_D$、$\overline{S}_D$ 的复位、置位功能

在双下降沿 JK 触发器74LS112上任取一只 JK 触发器，$\overline{R}_D$、$\overline{S}_D$、J、K 端接逻辑开关输出插口，CP 端接单次脉冲源，Q、$\overline{Q}$ 端接至逻辑电平显示输入插口。要求改变 $\overline{R}_D$、$\overline{S}_D$（J、K、CP 处于任意状态），并在 $\overline{R}_D = 0$（$\overline{S}_D = 1$）或 $\overline{S}_D = 0$（$\overline{R}_D = 1$）作用期间任意改变 J、K 及 CP 的状态，观察 Q、$\overline{Q}$ 状态。自拟表格并记录之。

2）测试 JK 触发器的逻辑功能测试

按表5-17的要求改变 J、K、CP 端状态，观察 Q、$\overline{Q}$ 状态变化，观察触发器状态更新是否发生在 CP 脉冲的下降沿（即 CP 由 $1\rightarrow0$），记录之。

3）将 JK 触发器的 J、K 端连在一起，构成T触发器。

在 CP 端输入1Hz连续脉冲，观察 Q 端的变化。

在 CP 端输入1kHz连续脉冲，用双踪示波器观察 CP、Q、$\overline{Q}$ 端波形，注意相位关系，描绘之。

表 5-17 JK 触发器的逻辑功能测试表

J	K	CP	Q^{n+1}	
			$Q^n = 0$	$Q^n = 1$
0	0	0→1		
		1→0		
0	1	0→1		
		1→0		
1	0	0→1		
		1→0		
1	1	0→1		
		1→0		

表 5-18 D 触发器的逻辑功能测试表

D	CP	Q^{n+1}	
		$Q^n = 0$	$Q^n = 1$
0	0→1		
	1→0		
1	0→1		
	1→0		

2. 集成 D 触发器的逻辑功能测试

1）测试 $\overline{R}_D$、$\overline{S}_D$ 的复位、置位功能

在双 D 触发器 74LS74 上任取一只 D 触发器，$\overline{R}_D$、$\overline{S}_D$、D 端接逻辑开关输出插口，CP 端接单次脉冲源，Q、$\overline{Q}$ 端接至逻辑电平显示输入插口。要求改变 $\overline{R}_D$，$\overline{S}_D$（D、CP 处于任意状态），并在 $\overline{R}_D = 0$（$\overline{S}_D = 1$）或 $\overline{S}_D = 0$（$\overline{R}_D = 1$）作用期间任意改变 D 及 CP 的状态，观察 Q、$\overline{Q}$ 状态。自拟表格并记录之。

2）测试 D 触发器的逻辑功能

按表 5-18 要求进行测试，并观察触发器状态更新是否发生在 CP 脉冲的上升沿（即由 0→1），记录之。

3）将 D 触发器的 $\overline{Q}$ 端与 D 端相连接，构成 T 触发器。

在 CP 端输入 1Hz 连续脉冲，观察 Q 端的变化。

在 CP 端输入 1kHz 连续脉冲，用双踪示波器观察 CP、Q、$\overline{Q}$ 端波形，注意相位关系，描绘之。

3. 触发器的应用

1）用触发器组成双相时钟脉冲电路

用 JK 触发器及与非门构成的双相时钟脉冲电路如图 5-31 所示，此电路是用来将时钟

脉冲 CP 转换成两相时钟脉冲 CP_A 及 CP_B，其频率相同、相位不同。

分析电路工作原理，并按图 5-32 所示电路在实验箱上接线，用双踪示波器同时观察 CP、CP_A；CP、CP_B 及 CP_A、CP_B 波形，并描绘之。

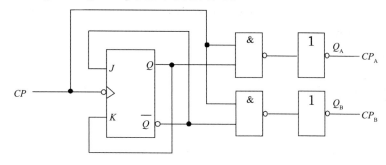

图 5-32 双相时钟脉冲电路

2）用触发器组成计数器

并按图 5-29 所示电路在实验箱上接线，首先将 $Q_3 Q_2 Q_1 Q_0$ 置成 0000，然后依次加入 16 个 CP 脉冲，将观察到的 $Q_3 Q_2 Q_1 Q_0$ 的状态填入自拟表格中，说明其功能。

3）用触发器组成数值比较器

如图 5-33 用 JK 触发器组成的电路。在 C_r 端执行清"0"后，串行送入 A 和 B 两数（先送高位），输出端即可表明两数 A、B 的大小。将观察结果记入表 5-19 中。说明功能。

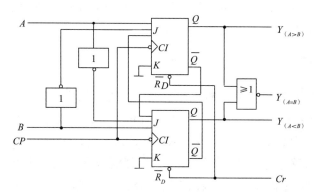

图 5-33 用 JK 触发器构成的数值比较器

表 5-19 用 JK 触发器构成的数值比较器测试表

输　　　入				输　　　出		
Cr	A	B	CP	$Y_{(A>B)}$	$Y_{(A=B)}$	$Y_{(A<B)}$
1	0	0	↓			
1	0	1	↓			
1	1	0	↓			
1	1	1	↓			
0	×	×	↓			

五、实验报告要求

（1）列写 D 触发器、JK 触发器的逻辑功能及应用测试结果。

（2）总结观测到的波形，说明触发器的触发方式。

（3）体会触发器的应用。

（4）整理实验记录，并对结果进行分析。

六、实验预习要求

（1）复习触发器的基本类型及其逻辑功能。

（2）按实验内容的要求设计并画出逻辑电路。

（3）分析简单时序电路。

实验六　集成移位寄存器及应用

一、实验目的

（1）掌握采用中规模时序逻辑电路组成的移位寄存器的工作原理。

（2）掌握常见移位寄存器的功能和应用。

二、实验原理

移位寄存器的功能是当时钟控制脉冲有效时，寄存器中存储的数码同时顺序向高位（左移）或向低位（右移）移位一位。所以，移位寄存器的各触发器状态必须同时变化，为同步时序电路。因为数据可以按序逐位从最低位或最高位串行输入移位寄存器，也可以通过置数端并行输入移位寄存器。所以移位寄存器的数据输入、输出方式有并行输入/并行输出、并行输入/串行输出、串行输入/并行输出、串行输入/串行输出。

移位寄存器主要应用于实现数据传输方式的转换（串行到并行或并行到串行）、脉冲分配、序列信号产生以及时序电路的周期性循环控制（计数器）等。

中规模移位寄存器：4 位移位寄存器 74LS194 的逻辑功能如表 5-20 所示，引脚图如图 5-34 所示。内部由四个触发器和各自的输入控制电路组成，除具有存储代码的功能外，还具有移位功能。即寄存器里存储的代码能够在移位脉冲的作用下依次左移或右移，移位寄存器的工作状态由控制端 S_1 和 S_0 的状态指定。74LS194 可以实现右移（串行数据从 D_{IR} 输入）、

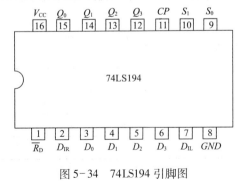

图 5-34　74LS194 引脚图

左移（串行数据从 D_{IL} 输入）、置数（并行数据从 D_0、D_1、D_2、D_3 输入）及保持（输出不变）功能。

表 5-20　四位移位寄存器 74LS194 功能表

功能	输入									输出			
	CP	$\overline{R}_D$	S_1	S_0	D_{IR}	D_{IL}	D_0	D_1	D_2	D_3	Q_0	Q_1	Q_2	Q_3
清除	×	0	×	×	×	×	×	×	×	×	0	0	0	0
送数	↑	1	1	1	×	×	a	b	c	d	a	b	c	d
右移	↑	1	0	1	D_{IR}	×	×	×	×	×	D_{IR}	Q_0	Q_1	Q_2
左移	↑	1	1	0	×	D_{IL}	×	×	×	×	Q_1	Q_2	Q_3	D_{IL}
保持	↑	1	0	0	×	×	×	×	×	×	Q_0^n	Q_1^n	Q_2^n	Q_3^n
保持	↓	1	×	×	×	×	×	×	×	×	Q_0^n	Q_1^n	Q_2^n	Q_3^n

图 5-34 为简易兵乓球游戏机电路。输入 $R.L$ 为球拍击球信号，高电平有效，输出 $Q_D \sim Q_A$ 接 4 个发光二极管指示乒乓球的运动轨迹。游戏规则：R 或 L 端输入一个正脉冲（发球），发光二极管指示球向对方移动，到达对方顶端位置时，对方必须及时接球，使球返回，否则就会失球。输入的移位脉冲频率越高，球的移动速度越快，接球难度越大。

实验参考电路：

（1）乒乓球游戏机电路原理如图 5-35 所示。

（2）移位寄存型计数电路器如图 5-36 所示。

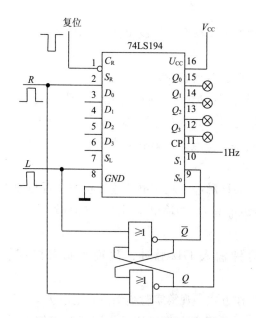

图 5-35　乒乓球游戏机电路原理

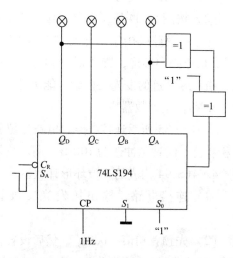

图 5-36　移位寄存型计数器电路原理图

三、实验设备与器材

1. THD－4 型　　　　数字电路实验箱
2. 主要器件
74LS02　　　　　　四－2 输入或非门
74LS86　　　　　　四－2 输入异或门
74LS194　　　　　 4 位双向移位寄存器

四、实验内容与步骤

1. 测试 74LS194 四位双向移位寄存器的逻辑功能

验证表 5-21 的工作状态，参见表 5-20。

表 5-21　四位双向移位寄存器工作状态

清零端	方式控制端		计数脉冲	工作状态
$\overline{R_D}$	S_1	S_0	CP	
0	×	×	×	清零
1	0	0	×	保持
1	0	1	↑	右移
1	1	0	↑	左移
1	1	1	↑	并行输入

2. 乒乓球游戏电路实验

（1）按图 5-34 所示电路连接或非门部分电路，R 与 L 端接逻辑开关，Q 与 $\overline{Q}$ 端接发光二极管。测试并记录电路的逻辑功能。

（2）按图 5-34 所示电路连接移位寄存器部分，观察游戏效果。

注意：发球或接球动作是给予 R 或 L 一个正脉冲，即逻辑开关置 "1" 后必须复 "0"，操作必须准确，置 "1" 的时间过短则会发不出球或接不住球；置 "1" 的时间过长，指示球轨迹的发光二极管可能不是一个而是多个都点亮，影响游戏效果。

3. 移存型计数器

按图 5-35 所示连接电路。电路复位后输入 1 Hz 脉冲，观察电路输出状态是否与理论分析相符。时钟脉冲改为 10kHz，用示波器记录 Q_D 和 Q_C 的输出序列信号的波形。

4. 74LS194 构成的 4 位环形计数器

（1）连接电路，输出接发光二极管，时钟输入 1 Hz 脉冲，预置控制端接逻辑开关。

（2）先预置初值 "0001"，然后设置移位工作方式，观察实验结果，并记录状态。

（3）时钟脉冲频率改为 10Hz，用示波器分别观察 4 个输出信号的周期及相位关系，画出波形图。

5. 四位扭环计数器

连接电路，输出接发光二极管，时钟输入 1Hz 脉冲，观察实验效果，并记录状态。

五、实验报告要求

（1）按实验预习要求设计的逻辑电路图。

（2）对实验结果进行分析。

（3）画出图 5-35 电路的状态转换图和输出信号序列。

六、实验预习要求

（1）分析图 5-35 电路的状态转换关系、输出信号的序列和自启动能力。

（2）用两片 74LLS194 设计一个串行数据传输电路，发送方将并行输入的四位二进制数据转换成串行数据输出，接收方将串行输入的数据转换成并行数据输出，信号传输位序任意选择。画出逻辑电路图。

（3）用 74LS194 设计一个四位环行计数器，移位方向任意，可预置初值"0001"，画出逻辑电路图。

（4）用 74LS194 设计一个四位扭环形计数器，移位方向任意，具有复位控制功能，画出逻辑电路图。

实验七　计数器及其应用

一、实验目的

（1）熟悉中规模集成计数器的逻辑功能及使用方法。

（2）熟悉中规模集成计数器各输出端波形及应用。

（3）掌握用 74LS160/74LS161 构成任意进制计数器的方法。

（4）学习用集成触发器构成计数器的方法。

二、实验原理

计数是一种最简单基本的运算，计数器就是实现这种运算的逻辑电路，计数器在数字系统中主要是对脉冲的个数进行计数，以实现测量、计数和控制的功能，同时兼有分频功能。计数器是由基本的计数单元和一些控制门所组成，计数单元则由一系列具有存储信息功能的各类触发器构成。这些触发器有 RS 触发器、T 触发器、D 触发器及 JK 触发器等。计数器在数字系统中应用广泛，如在电子计算机的控制器中对指令地址进行计数，以便顺序取出下一条指令，在运算器中作乘法、除法运算时记下加法、减法次数，又如在数字仪器中对脉冲的计数等。

计数器按计数进制不同，可分为二进制计数器、十进制计数器、其他进制计数器和可变进制计数器；若按计数单元中各触发器所接收计数脉冲和翻转顺序或计数功能来划分，则有异步计数器和同步计数器两大类，以及加法计数器、减法计数器、加/减计数器等；如按预置和清除方式来分，则有并行预置、直接预置、异步清除和同步清除等差别；按权码来分，则有"8421"码，"5421"码、余"3"码等计数器；按集成度来分，有单、双位计数器等等。其最基本的分类如下。

$$
\text{计数器的种类}\begin{cases}\text{按结构分}\begin{cases}\text{同步计数器}\\\text{异步计数器}\end{cases}\\\text{按功能分}\begin{cases}\text{加法计数器}\\\text{减法计数器}\\\text{可逆计数器}\end{cases}\\\text{按进制分}\begin{cases}\text{二进制计数器}\\\text{十进制计数器}\\N\text{进制计数器}\end{cases}\end{cases}
$$

1. 中规模集成计数器

74LS161 是四位二进制可预置同步加法计数器，由于它采用 4 个主从 JK 触发器作为记忆单元，故又称为四位二进制同步加法计数器，其集成芯片引脚如图 5-37 所示。

管脚符号说明：

Vcc：电源正端，接 +5V；

$\overline{R_D}$：异步置零（复位）端；

CP：时钟脉冲；

$\overline{LD}$：预置数控制端；

A、B、C、D：数据输入端；

QA、QB、QC、QD：输出端；

RCO：进位输出端。

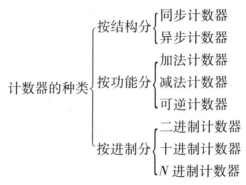

图 5-37　74LS161 管脚图

该计数器由于内部采用了快速进位电路，所以具有较高的计数速度。各触发器翻转是靠时钟脉冲信号的正跳变上升沿来完成的。时钟脉冲每正跳变一次，计数器内各触发器就同时翻转一次，74LS161 的功能表如表 5-22 所示。

表 5-22　74LS161 逻辑功能表

输　入									输　出			
$\overline{R_D}$	$\overline{LD}$	ET	EP	CP	D_0	D_1	D_2	D_3	Q_0	Q_1	Q_2	Q_3
L	×	×	×	×	×	×	×	×	L	L	L	L
H	L	×	×	↑	A	B	C	D	A	B	C	D
H	H	H	H	↑	×	×	×	×	计数			
H	H	L	×	×	×	×	×	×	保持			
H	H	×	L	×	×	×	×	×	保持			

2. 计数器的级联使用

若所要求的进制已超过 16，则可通过几个 74LS161 进行级联来实现，在满足计数条件的情况下有如下方法：

1）同步联接法

CP 是共同的，只是把第一级的进位输出 RCO 接到下一级的 ET 端即可，平时 $RCO = 0$ 则计数器 2 不能工作，当第一级计满时，$RCO = 1$，最后一个 CP 使计数器 1 清零，同时计数器 2 计一个数，这种接法速度不快，不论多少级相联，CP 的脉宽只要大于每一级计数器延迟时间即可。其框图如图 5-38。

2）异步联接法

把第一级的进位输出端 RCO 接到下一级的 CP 端，平时 $RCO = 0$ 则计数器 2 因没有计数脉冲而不能工作，当第一级计满时，$RCO = 1$，计数器 2 产生第一个脉冲，开始计第 1 个数，这种接法速度慢，若多级相联，其总的计数时间为各个计数器延迟时间之和。其框图如图 5-39 所示。

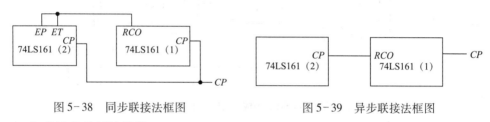

图 5-38　同步联接法框图　　　　　　　　　图 5-39　异步联接法框图

3. 实现任意进制计数器

由于 74LS161 的计数容量为 16，即计 16 个脉冲，发生一次进位，所以可以用它构成 16 进制以内的各进制计数器，实现的方法有两种：置零法（复位法）和置数法（置位法）。

1）用复位法获得任意进制计数器

假定已有 N 进制计数器，而需要得到一个 M 进制计数器时，只要 $M < N$，用复位法使计数器计数到 M 时置 "0"，即获得 M 进制计数器。

2）利用预置功能获 M 进制计数器

置位法与置零法不同，它是通过给计数器重复置入某个数值的的跳越 $N - M$ 个状态，从而获得 M 进制计数器的，如图所法。置数操作可以在电路的任何一个状态下进行。这种方法适用于有预置功能的计数器电路。图 5-40 为上述二种方法的原理示意图。

例如：利用两片十进制计数器 74LS161 接成 35 进制计数器？

本例可以采用整体置零方式进行。首先将两片 74LS161 以同步级联的方式接成 $16 \times 16 = 256$ 进制的计数器。当计数器从全 0 状态开始计数时，计入了 35 个脉冲时，经门电路译码产生一个低电平信号立刻将两片 74LS161 同时置零，于是便得到了 35 进制计数器。电路连接图如图 5-41 所示。

74LS160 与 74LS161 外引脚及逻辑功能相同。

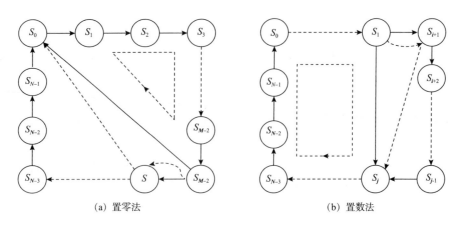

(a) 置零法　　　　　　　　　　　　(b) 置数法

图 5-40　获得任意进制计数器的两种方法

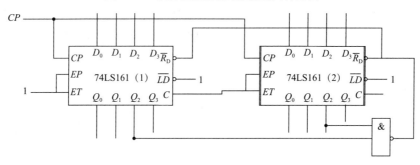

图 5-41　两片 74LS161 构成 35 进制计数器电路连接图

4. 注意事项

计数器的输出端 Q_3 为高位，Q_0 为低位。74LS161 或 74LS160 等集成电路所用电源电压不得超过 +5V 或接反，其输出端不得接地或直接接 +5V 电压，以免损坏。

三、实验设备与器件

1. THD – 4 型　　　　　数字电路实验箱
2. GOS – 620 型　　　　双踪示波器
3. 主要器件

74LS00　　　　　　　四 – 2 输入与非门
74LS20　　　　　　　双 4 输入与非门
74LS160　　　　　　　同步十进制加法计数器
74LS161　　　　　　　4 位同步二进制加法计数器

四、实验内容与步骤

（1）测试 74LS161 或 74LS160 的逻辑功能。

①分别画出置零法、置数法的电路连接图，用点脉冲 CP，观察计数状态，画出状态转换图。

②在 CP 端加入连续脉冲信号，用示波器观察输出波形，并将 Q_0、Q_1、Q_2、Q_3 的波形图绘在图 5-42 中。

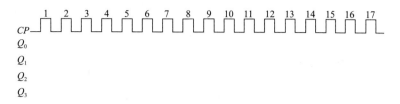

图 5-42 输出波形图

（2）在熟悉 74LS161 逻辑功能的基础上，利用 74LS161 采用置零法、置数法两种方法设计 12 进制计数器。

（3）利用两片 74LS161 采用同步连接、异步连接两种方法设计 72 进制计数器。

五、实验报告要求

（1）画出实验线路图及状态转换图，记录、整理实验现象及实验所观察到的有关波形，并对实验结果进行分析。

（2）总结使用集成计数器的体会。

六、实验预习要求

（1）复习计数器的有关内容。

（2）阅读实验原理，对照功能表熟悉 74LS160/74LS161 各管脚及其功能。

（3）根据实验要求画出电路图。

实验八　综合实验—模拟霓虹灯和电机运转规律控制电路

一、实验目的

1. 掌握产生脉冲序列的一般方法。
2. 掌握用计数器、译码器和逻辑门构成控制器的方法。
3. 熟悉移位寄存器的功能。
4. 熟悉可逆计数器的功能。

二、实验原理

1. 可逆计数器

74LS190 是同步十进制可逆计数器，它是靠加/减控制端来实现加法计数和减法计数的。其引脚排列如图 5-43，功能表如表 5-23 所示。

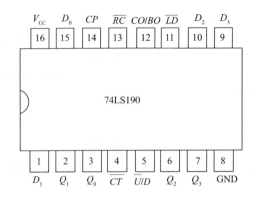

图 5-43　74LS190 集成芯片引脚图

表 5-23　74LS190 功能表

输　入								输　出			
$\overline{LD}$	$\overline{CT}$	$\overline{U/D}$	CP	D_0	D_1	D_2	D_3	Q_0	Q_1	Q_2	Q_3
0	×	×	×	D_0	D_1	D_2	D_3	D_0	D_1	D_2	D_3
1	0	0	↑	×	×	×	×	加计数			
1	1	1	↑	×	×	×	×	减计数			
1	1	×	×	×	×	×	×	保持			

引脚说明：

CO/BO——进位/借位输出端；

　　CP——时钟输入端；

　　$\overline{CT}$——计数控制端（低电平有效）；

$D_0 \sim D_3$——并行数据输入端；

　　$\overline{LD}$——异步并行置入控制端（低电平有效）；

$Q_0 \sim Q_3$——输出端；

　　$\overline{RC}$——行波时钟输出端（低电平有效）；

　　$\overline{U/D}$——加/减计数方式控制端。

74LS190 是异步预置的。当置入控制端（$\overline{LD}$）为低电平时，不管时钟端（CP）状态如何，输出端（$Q_0 \sim Q_3$）即可预置成与数据输入端（$D_0 \sim D_3$）相一致的状态。

74LS190 的计数是同步的，靠 CP 同时加在四个触发器上实现。当计数控制端（$\overline{CT}$）为低电平时，在 CP 上升沿作用下 $Q_0 \sim Q_3$ 同时变化，从而消除了异步计数器中出现的计数尖峰。当计数方式控制（$\overline{U/D}$）为低电平时进行加计数；当计数方式控制（$\overline{U/D}$）为高电平时进行减计数。只有在 CP 为高电平时，$\overline{CT}$ 和 $\overline{U/D}$ 才可以跳变。

74LS190 有超前进位功能。当计数上溢或下溢时，进位/借位输出端（CO/BO）输出一个宽度约等于 CP 脉冲周期的高电平脉冲；行波时钟输出端（$\overline{RC}$）输出一个宽度等于

$\overline{CP}$ 低电平部分的低电平脉冲。

利用$\overline{RC}$端可可将几片74LS190级联成N位同步计数器。当采用并行CP控制时，将$\overline{RC}$接到后一级$\overline{CT}$端；当采用并行$\overline{CT}$控制时，则将$\overline{RC}$接到后一级CP端。

2. 脉冲序列发生器

脉冲序列发生器能够产生一组在时间上有先后差别的脉冲序列，利用这组脉冲可以控制形成所需的各种控制信号。通常脉冲序列发生器由译码器和计数器构成。

用74LS161和74LS138及逻辑门产生脉冲序列。

将74LS161接成十二进制计数器，然后接入译码器。电路如图5-44所示。

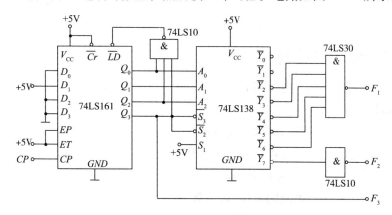

图5-44　用74LS161和74LS138及逻辑门构成的脉冲序列发生器

3. 控制器

74LS161、74LS138、74LS194及与非门构成的控制器如图5-45所示。

74LS161接成六进制计数器，与十进制计数器构成六十进制计数器，通过74LS138译码器及与非门得到控制信号，改变寄存器的工作状态，使寄存器的输出端的发光二极管产生亮、灭变化，从而实现光点的移动。三－3输入与非门74LS10的引脚图如图5-46所示。

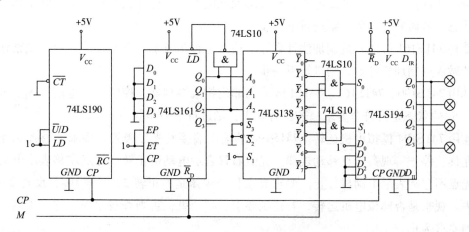

图5-45　模拟电机运转规律控制电路

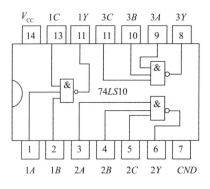

图 5-46　74LS10 引脚图

三、实验设备与器材

1. THD-4 型　　　　数字电路实验箱

2. 主要器件

74LS194　　　　四位双向移位寄存器

74LS161　　　　四位二进制同步加法计数器

74LS138　　　　3 线-8 线译码器

74LS190　　　　十进制同步加/减计数器

74LS10　　　　三-3 输入与非门

NE555　　　　555 定时器

发光二极管、电阻、电容若干。

四、实验内容与步骤

（1）用光点移动模拟电机运转规律如图 5-45 所示。

①将 74LS190 接成十进制减法计数器。可逆计数器 74LS190 的加/减控制端接高电平，使其为减法计数。置入端加高电平，允许端加低电平，加脉冲信号使 74LS190 工作。观察输出状态，若做减法计数，则进行下一步。

②将 74LS161 接成六进制加法计数器。检查是否构成了六进制加法计数，观察输出状态，若做六进制加法计数，则进行下一步。

③用 74LS190、74LS161、74LS138 及与非门构成控制器。控制器产生信号 S_1、S_0，观察 S_1、S_0 的状态是否符合要求，若符合要求，则进行下一步。

④用 74LS194 模拟电机运转。74LS194 的输出端接发光二极管，要求能够控制光点右移、左移、停止。观察光点移动规律。光点右移表示电动机正转；光点左移表示电动机反转；光点不移动表示电动机停止。要求光点移动规律是：正转 20s，停 10s，反转 20s，循环下去。观察是否模拟电机运转，若达到要求，则结束；否则查找原因，进一步调试，直到达到要求为止。

⑤将测试结果填入表 5-24 中。

表 5-24　模拟电机运转规律测试数据表

CP	M	74LS161			74LS10		74LS194			
		Q_2	Q_1	Q_0	S_1	S_0	Q_0	Q_1	Q_2	Q_3
↑	0									
↑	1									
↑	1									
↑	1									
↑	1									
↑	1									
↑	1									

（2）按图 5-44 所示电路构成脉冲序列发生器在实验箱上接线，验证其功能。

（3）用 NE555、74LS161 和 74LS138 及发光二极管构成一模拟霓虹红灯电路。

①连接成由 NE555 定时器构成的脉冲产生电路（多谐振荡器），计算该电路的振荡频率，并用发光二极管监视振荡电路是否产生振荡。

②将 74LS161 接成二进制自然计数状态，$Q_3 Q_2 Q_1 Q_0$ 分别接至发光二级管，监视 74LS161 的输出计数是否正确。

③取 74LS161 的低三位 $Q_2 Q_1 Q_0$ 接到 74LS138 的地址控制端 $A_2 A_1 A_0$，使能端都处于使能状态，74LS138 的八个输出端同排成圆圈的八个不同颜色的 LED 显示管负极相接，总的实验电路如图 5-47 所示。

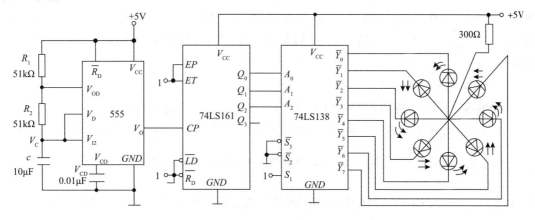

图 5-47　模拟霓虹灯控制电路

五、实验报告要求

（1）分析电路的工作原理，写出实验内容与步骤，画出逻辑图。

（2）记录测得的数据，整理实验记录。

（3）分析实验中故障的原因及排除方法。

六、实验预习要求

（1）认真阅读电路原理图，分析工作原理，明确各部分作用。

（2）查阅有关资料，熟悉所用集成电路的逻辑功能及引脚图，画出电路接线图。

实验九　555 定时电路及其应用

一、实验目的

（1）熟悉 555 型集成时基电路结构、工作原理及其特点。

（2）掌握 555 型集成时基电路的基本应用。

二、实验原理

集成时基电路又称为集成定时器或 555 电路，是一种数字、模拟混合型的中规模集成电路，应用十分广泛。它是一种产生时间延迟和多种脉冲信号的电路，由于内部电压标准使用了三个 5K 电阻，故取名 555 电路。其电路类型有双极型和 CMOS 型两大类，二者的结构与工作原理类似。几乎所有的双极型产品型号最后的三位数码都是 555 或 556；所有的 CMOS 产品型号最后四位数码都是 7555 或 7556，二者的逻辑功能和引脚排列完全相同，易于互换。555 和 7555 是单定时器。556 和 7556 是双定时器。双极型的电源电压 $V_{CC} = +5 \sim +15V$，输出的最大电流可达 200mA，CMOS 型的电源电压为 $+3 \sim +18V$。

1. 555 电路的工作原理

555 电路的内部电路方框图如图 5-48 所示。它含有两个电压比较器，一个基本 RS 触发器，一个放电开关管 T_D，比较器的参考电压由三只 $5k\Omega$ 的电阻器构成的分压器提供。它们使高电平比较器 C_1 的同相输入端和低电平比较器 C_2 的反相输入端的参考电平为 $\frac{2}{3}V_{CC}$ 和 $\frac{1}{3}V_{CC}$。C_1 与 C_2 的输出端控制 RS 触发器状态和放电管开关状态。当信号由 6 脚输入，即高电平触发输入并超过参考电平 $\frac{2}{3}V_{CC}$ 时，触发器复位，555 定时器的输出端 3 脚输出低电平，同时放电开关管导通；当信号由 2 脚输入并低于 $\frac{1}{3}V_{CC}$ 时，触发器置位，555 定时器的 3 脚输出高电平，同时放电开关管截止。

$\overline{R}_D$ 是复位端（4 脚），当 $\overline{R}_D = 0$，555 定时器输出低电平。一般 $\overline{R}_D$ 端开路或接 V_{CC}。

V_{CO} 是控制电压端（5 脚），输出 $\frac{2}{3}V_{CC}$ 作为比较器 C_1 的参考电平。当 5 脚外接一个输

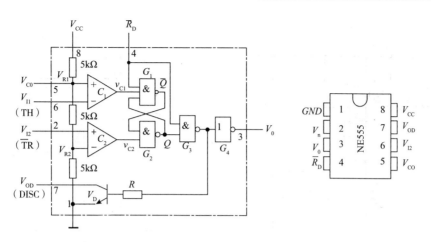

图 5-48　555 定时器内部框图及引脚图

入电压，即改变了比较器的参考电平，从而实现对输出的另一种控制，在不接外加电压时，通常在管脚和地之间接一个 $0.01\mu F$ 的电容，起滤波作用，以消除外来的干扰，从而确保参考电平的稳定。T_D 为放电管，当 T_D 导通时，将给接于脚 7 的电容器提供低阻放电通路。

555 定时器主要是与电阻、电容构成充放电电路，并由两个比较器来检测电容器上的电压，以确定输出电平的高低和放电开关管的通断。这就很便捷地构成从微秒到数十分钟的延时电路，可方便地构成单稳态触发器，多谐振荡器，施密特触发器等脉冲产生或波形变换电路。

2. 555 定时器的典型应用

1）构成单稳态触发器

图 5-49（a）所示为由 555 定时器和外接定时元件 R、C 构成的单稳态触发器。触发电路由 C_1、R_1、D 构成，其中 D 为钳位二极管，稳态时 555 定时器输入端和电源电平相等，内部放电开关管 T_D 导通，输出端 V_0 输出低电平。当有一个外部负脉冲触发信号经 C_1 加到 2 端，并使 2 端电位瞬时低于 $\frac{1}{3}V_{CC}$ 时，低电平比较器动作，单稳态电路即开始一个暂态过程，电容 C 开始充电，V_C 按指数规律增长；当 V_C 充电到 $\frac{2}{3}V_{CC}$ 时，高电平比较器动作，比较器 C_1 翻转，输出 V_0 从高电平返回低电平，放电开关管 T_D 重新导通，电容 C 上的电荷很快经放电开关管释放，暂态结束，恢复稳态，为下个触发脉冲的来到作好准备。555 定时器 V_i、V_C、V_0 波形图如图 5-49（b）所示。

暂稳态的持续时间 t_w（即为延时时间）决定于外接元件 R、C 值的大小。

$$t_w = 1.1RC$$

通过改变 R、C 的大小，可使延时时间在几个微秒到几十分钟之间变化。当这种单稳态电路作为计时器时，可直接驱动小型继电器，并可以使用复位端（4 脚）接地的方法来中止暂态，重新计时。此外尚须用一个续流二极管与继电器线圈并联，以防继电器线圈反向电动势损坏内部功率管。

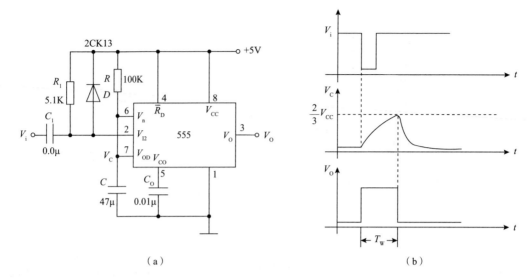

（a）

（b）

图 5-49　单稳态触发器

2）构成多谐振荡器

由图 5-50（a）可见，由 555 定时器和外接元件 R_1、R_2、C 构成多谐振荡器，其 2 脚与 6 脚直接相连。电路没有稳态，仅存在两个暂稳态，电路亦不需要外加触发信号，利用电源通过 R_1、R_2 向 C 充电，以及 C 通过 R_2 向放电端 V_{OD} 放电，使电路产生振荡。电容 C 在 $\frac{1}{3}V_{CC}$ 和 $\frac{2}{3}V_{CC}$ 之间充电和放电，其波形如图 5-50（b）所示。输出信号的时间参数为：

$$t_{w1} = 0.7\ (R_1 + R_2)\ C，\quad t_{w2} = 0.7R_2C，\quad T = t_{w1} + t_{w2}$$

555 电路要求 R_1 与 R_2 均应大于或等于 $1k\Omega$，但 $R_1 + R_2$ 应小于或等于 $3.3M\Omega$。

外部元件的稳定性决定了多谐振荡器的稳定性，555 定时器配以少量的元件即可获得较高精度的振荡频率和具有较强的功率输出能力。因此这种形式的多谐振荡器应用很广。

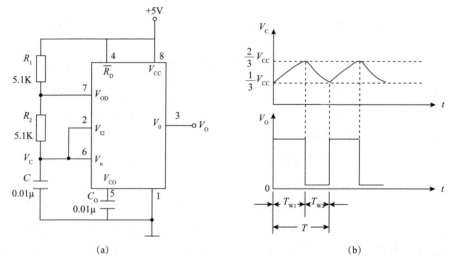

（a）

（b）

图 5-50　多谐振荡器

3）组成占空比可调的多谐振荡器

电路如图 5-51 所示，它比图 5-50 所示电路增加了一个电位器和两个导引二极管。D_1、D_2 用来决定电容充、放电电流流经电阻的途径（充电时 D_1 导通，D_2 截止；放电时 D_2 导通，D_1 截止）。若取 $R_A = R_B$ 电路即可输出占空比为 50% 的方波信号。占空比为：

$$P = \frac{t_{w1}}{t_{w1} + t_{w2}} \approx \frac{0.7 R_A C}{0.7 C (R_A + R_B)} = \frac{R_A}{R_A + R_B}$$

4）组成占空比连续可调并能调节振荡频率的多谐振荡器

在图 5-52 所示的电路图中，对 C_1 充电时，充电电流通过 R_1、D_1、R_{w2} 和 R_{w1}；放电时通过 R_{w1}、R_{w2}、D_2、R_2。当 $R_1 = R_2$、R_{w2} 调至中心点时，因充放电时间基本相等，占空比约为 50%，此时调节 R_{w1} 仅改变频率，占空比不变；如 R_{w2} 调至偏离中心点，再调节 R_{w1}，不仅振荡频率改变，而且对占空比也有影响。R_{w1} 不变，调节 R_{w2}，仅改变占空比，对频率无影响。因此，当接通电源后，应首先调节 R_{w1} 使频率为规定值，再调节 R_{w2}，以获得需要的占空比。若频率调节的范围比较大，还可以用波段开关改变 C_1 的值。

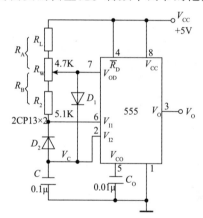

图 5-51　占空比可调的多谐振荡器

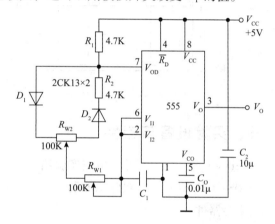

图 5-52　占空比与频率均可调的多谐振荡器

5）组成施密特触发器

电路如图 5-53，只要将脚 2、6 连在一起作为信号输入端，即得到施密特触发器。图 5-54 示出了 V_S、V_i 和 V_O 的波形图。

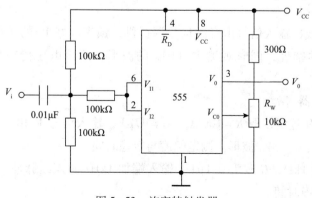

图 5-53　施密特触发器

设被整形变换的电压为正弦波 V_S，其正半波通过二极管 D 同时加到 555 定时器的 2 脚和 6 脚，得 V_i 为半波整流波形。当 V_i 上升到 $\frac{2}{3}V_{CC}$ 时，V_0 从高电平翻转为低电平；当 V_i 下降到 $\frac{1}{3}V_{CC}$ 时，V_0 又从低电平翻转为高电平。电路的电压传输特性曲线如图 5-55 所示。

回差电压 $\Delta V = \frac{2}{3}V_{CC} - \frac{1}{3}V_{CC} = \frac{1}{3}V_{CC}$。

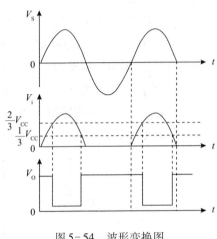

图 5-54　波形变换图

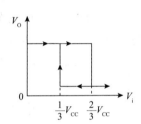

图 5-55　电压传输特性

三、实验设备与器件

1. THD – 4 型　　　　　数字电路实验箱
2. GOS – 620 型　　　　双踪示波器
3. 主要器件
NE555　　　　　　　　555 定时器
二极管、电位器、电阻、电容若干

四、实验内容与步骤

1. 施密特触发器

按图 5-53 接线，输入信号由音频信号源提供，预先调好 V_S 的频率为 1kHz，接通电源，逐渐加大 V_S 的幅度，同时观测 V_i 和 V_0 的波形，测绘电压传输特性，算出回差电压 ΔU。

2. 单稳态触发器

（1）按图 5-49 连线，取 $R = 100\text{k}\Omega$，$C = 47\mu\text{F}$，输入信号 V_i 由单次脉冲源提供，用双踪示波器观测 V_i、V_C、V_0 波形。测定幅度与暂稳时间。

（2）将 R 改为 1kΩ，C 改为 0.1μF，输入端加 1kHz 的连续脉冲，观测波形 V_i、V_C、V_0，测定幅度及暂稳时间。

3. 多谐振荡器

（1）按图 5-50 接线，实验前计算出周期 T、脉宽 T_w，估算出脉冲幅值。实验时用双踪示波器观测 V_C 与 V_O 的波形，并测定 V_O 的周期 T、脉宽 T_w 和幅值 V_m，计算占空比 D。将测量数据与理论值比较，分析误差原因。

（2）按图 5-51 接线，组成占空比为 50% 的方波信号发生器。观测 V_C，V_O 波形，测定波形参数。

（3）按图 5-52 接线，通过调节 R_{W1} 和 R_{W2} 来观测输出波形。

五、实验报告要求

（1）绘出详细的实验线路图，定量绘出观测到的波形．

（2）分析、总结实验结果。

六、实验预习要求

（1）复习有关 555 定时器的工作原理及其应用。

（2）拟定实验中所需的数据、表格等。

（3）如何用示波器测定施密特触发器的电压传输特性曲线？

（4）拟定各次实验的步骤和方法。

实验十　D/A、A/D 转换器

一、实验目的

（1）了解 D/A 和 A/D 转换器的基本工作原理和基本结构

（2）掌握大规模集成 D/A 和 A/D 转换器的功能及其典型应用

二、实验原理

在数字电子技术的很多应用场合往往需要把模拟量转换为数字量，称为模/数转换器（A/D 转换器，简称 ADC）；或把数字量转换成模拟量，称为数/模转换器（D/A 转换器，简称 DAC）。完成这种转换的线路有多种，特别是单片大规模集成 A/D、D/A 转换器问世，为实现上述的转换提供了极大的方便。使用者可借助于手册提供的器件性能指标及典型应用电路，即可正确使用这些器件。本实验将采用大规模集成电路 DAC0832 实现 D/A 转换，ADC0809 实现 A/D 转换。

1. D/A 转换器 DAC0832

DAC0832 是采用 CMOS 工艺制成的单片电流输出型 8 位 D/A 转换器。图 5-56 是 DAC0832 的逻辑框图及引脚排列。

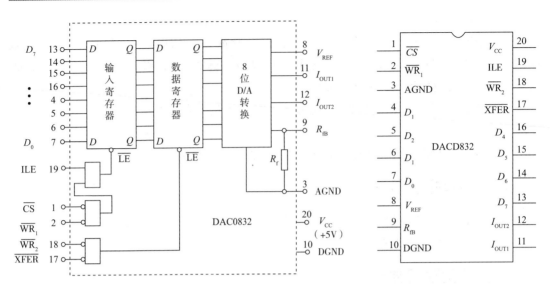

图 5-56 DAC0832 单片 D/A 转换器逻辑框图和引脚排列

器件的核心部分采用倒 T 型电阻网络的 8 位 D/A 转换器，如图 5-57 所示。它是由倒 T 型 $R-2R$ 电阻网络、模拟开关、运算放大器和参考电压 V_{REF} 四部分组成。

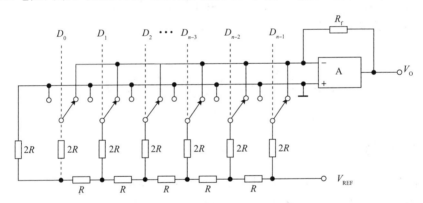

图 5-57 倒 T 型电阻网络 D/A 转换电路

运放的输出电压为

$$V_O = \frac{V_{REF} \cdot R_f}{2^n R}(D_{n-1} \times 2^{n-1} + D_{n-2} \times 2^{n-2} + \cdots + D_0 \times 2^0)$$

由上式可见，输出电压 V_O 与输入的数字量成正比，这就实现了从数字量到模拟量的转换。

一个 8 位的 D/A 转换器，它有 8 个输入端，每个输入端是 8 位二进制数的一位，有一个模拟输出端，输入可有 $2^8 = 256$ 个不同的二进制组态，输出为 256 个电压之一，即输出电压不是整个电压范围内任意值，而只能是 256 个可能值。

DAC0832 的引脚功能说明见表 5-25。

表 5－25　DAC0832 引脚说明

引　脚	说　明
$D_0 \sim D_7$	数字信号输入端
ILE	输入寄存器允许，高电平有效
$\overline{\text{CS}}$	片选信号，低电平有效
$\overline{\text{WR}}_1$	写信号 1，低电平有效
$\overline{\text{XFER}}$	传送控制信号，低电平有效
$\overline{\text{WR}}_2$	写信号 2，低电平有效
I_{OUT1}，I_{OUT2}	DAC 电流输出端
R_{fB}	反馈电阻，是集成在片内的外接运放的反馈电阻
V_{REF}	基准电压（ $-10 \sim +10$ ）V
V_{CC}	电源电压（ $+5 \sim +15$ ）V
AGND	模拟地，模拟地和数字地可接在一起使用
NGND	数字地，模拟地和数字地可接在一起使用

　　DAC0832 输出的是电流，要转换为电压，还必须经过一个外接的运算放大器，实验线路如图 5－58 所示。

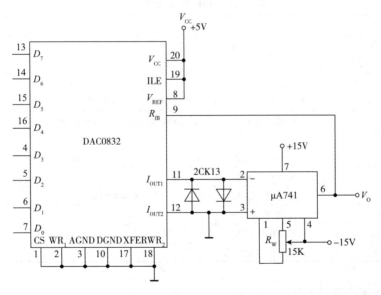

图 5－58　D/A 转换器实验线路

2. A/D 转换器 ADC0809

　　ADC0809 是采用 CMOS 工艺制成的单片 8 位 8 通道逐次逼近型模/数（A/D）转换器，其逻辑框图及引脚排列如图 5－59 所示。

　　器件的核心部分是 8 位 A/D 转换器，它由比较器、逐次逼近寄存器、D/A 转换器及控制和定时 5 部分组成。

　　ADC0809 的引脚功能说明见表 5－26。

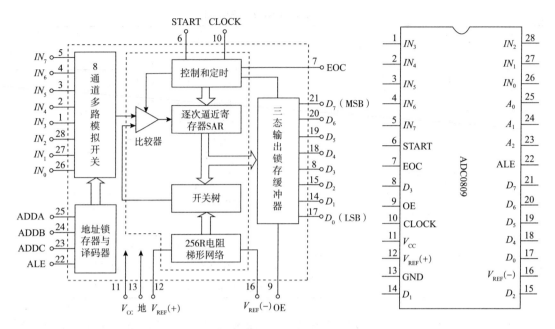

图 5-59　ADC0809 转换器逻辑框图及引脚排列

表 5-26　ADC0809 引脚说明

引　脚	说　明
$IN_0 \sim IN_7$	8 路模拟信号输入端
A_2、A_1、A_0	地址输入端
ALE	地址锁存允许输入信号，在此脚施加正脉冲，上升沿有效，此时锁存地址码，从而选通相应的模拟信号通道，以便进行 A/D 转换
START	启动信号输入端，应在此脚施加正脉冲，当上升沿到达时，内部逐次逼近寄存器复位，在下降沿到达后，开始 A/D 转换过程
EOC	转换结束输出信号（转换结束标志），高电平有效
OE	输入允许信号，高电平有效
CLOCK（CP）	时钟信号输入端，外接时钟频率一般为 640kHz
V_{cc}	+5V 单电源供电
V_{REF}（+）、V_{REF}（-）	基准电压的正极、负极。一般 V_{REF}（+）接 +5V 电源，V_{REF}（-）接地
$D_7 \sim D_0$	数字信号输出端

1）模拟量输入通道选择

8 路模拟开关由 A_2、A_1、A_0 三地址输入端选通 8 路模拟信号中的任何一路进行 A/D 转换，地址译码与模拟输入通道的选通关系如表 5-27 所示。

表 5-27　地址译码与模拟输入通道的选通关系

被选模拟通道		IN_0	IN_1	IN_2	IN_3	IN_4	IN_5	IN_6	IN_7
地址	A_2	0	0	0	0	1	1	1	1
	A_1	0	0	1	1	0	0	1	1
	A_0	0	1	0	1	0	1	0	1

2）D/A 转换过程

在启动端（START）加启动脉冲（正脉冲），D/A 转换即开始。如将启动端（START）与转换结束端（EOC）直接相连，转换将是连续的，在用这种转换方式时，开始应在外部加启动脉冲。

三、实验设备及器件

1. THD – 4 型数字电路实验箱

2. 数字万用表

3. 主要器件

DAC0832　　　　8 位 D/A 转换器

ADC0809　　　　8 位 8 通道 A/D 转换器

μA741　　　　　单运放

电位器、电阻、电容若干

四、实验内容与步骤

1. D/A 转换器：DAC0832

（1）按图 5 – 58 接线，电路接成直通方式，即 $\overline{CS}$、$\overline{WR_1}$、$\overline{WR_2}$、$\overline{XFER}$ 接地；ILE、V_{CC}、V_{REF} 接 +5V 电源；运放电源接 ±15V；$D_0 \sim D_7$ 接逻辑电平输出口，输出端 V_0 接直流数字电压表。

（2）调零，令 $D_0 \sim D_7$ 全置零，调节运放的电位器使 μA741 输出为零。

（3）按表 5–28 所列的输入数字信号，用数字电压表测量运放的输出电压 V_0，并将测量结果填入表 5–28 中，并与理论值进行比较。

表 5–28　D/A 转换测试数据表

输入数字量								输出模拟量 V_0/V
D_7	D_6	D_5	D_4	D_3	D_2	D_1	D_0	$V_{CC} = +5V$
0	0	0	0	0	0	0	0	
0	0	0	0	0	0	0	1	
0	0	0	0	0	0	1	0	
0	0	0	0	0	1	0	0	
0	0	0	0	1	0	0	0	
0	0	0	1	0	0	0	0	
0	0	1	0	0	0	0	0	
0	1	0	0	0	0	0	0	
1	0	0	0	0	0	0	0	
1	1	1	1	1	1	1	1	

2. A/D 转换器

ADC0809 实验线路按图 5–60 接线。

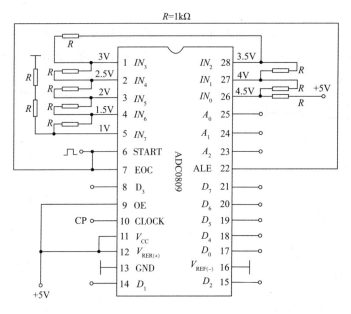

图 5-60   ADC0809 实验线路图

（1）8 路输入模拟信号 1~4.5V，由 +5V 电源经电阻 R 分压组成；变换结果 $D_0 ~ D_7$ 接逻辑电平显示器输入插口，CP 时钟脉冲由计数脉冲源提供，取 $f = 100kHz$；$A_0 ~ A_2$ 地址端接逻辑电平输出口。

（2）接通电源后，在启动端（START）加一正单次脉冲，下降沿一到即开始 A/D 转换。

（3）按表 5-29 的要求观察，记录 $IN_0 ~ IN_7$ 八路模拟信号的转换结果，并将转换结果换算成十进制数表示的电压值，并与数字电压表实测的各路输入电压值进行比较，分析误差原因。

表 5-29   A/D 转换测试数据表

被选模拟通道	输入模拟量	地 址			输 出 数 字 量								
IN	V_i/V	A_2	A_1	A_0	D_7	D_6	D_5	D_4	D_3	D_2	D_1	D_0	十进制
IN_0	4.5	0	0	0									
IN_1	4.0	0	0	1									
IN_2	3.5	0	1	0									
IN_3	3.0	0	1	1									
IN_4	2.5	1	0	0									
IN_5	2.0	1	0	1									
IN_6	1.5	1	1	0									
IN_7	1.0	1	1	1									

五、实验报告要求

整理实验数据，分析实验结果。

六、实验预习要求

（1）复习 A/D、D/A 转换的工作原理。

（2）熟悉 ADC0809、DAC0832 各引脚功能，使用方法。

（3）绘好完整的实验线路和所需的实验记录表格。

（4）拟定各个实验内容的具体实验方案。

第六章 基本元器件的使用方法

第一节 常用电子元器件的识别与简单测试

一、基本元器件的识别

1. 电阻器

电阻器在电路中用"R"加数字表示,如:$R1$ 表示编号为 1 的电阻。电阻器在电路中的主要作用为分流、限流、分压、偏置等。电阻元件图形符号如图 6-1 所示。

(a) 固定电阻　　　　　(b) 可调电阻

图 6-1　电阻元件图形符号

参数识别:电阻器的单位为欧姆(Ω),倍率单位有:千欧(kΩ),兆欧(MΩ)等。换算方法是:1 兆欧 = 1000 千欧 = 1000000 欧。

电阻器的参数标注方法有 3 种,即直标法、色标法和数标法。

(1) 数标法主要用于贴片等小体积的电路,如:472 表示 $47 \times 10^2 \Omega$(即 4.7kΩ);104 则表示 $10 \times 10^4 \Omega$(即 100kΩ)。

(2) 色环标注法使用最多,如四色环电阻、五色环电阻(精密电阻),如图 6-2 所示。

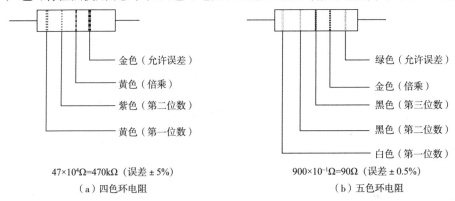

金色(允许误差)　　　　绿色(允许误差)
黄色(倍乘)　　　　　　金色(倍乘)
紫色(第二位数)　　　　黑色(第三位数)
黄色(第一位数)　　　　黑色(第二位数)
　　　　　　　　　　　白色(第一位数)

$47 \times 10^4 \Omega = 470 k\Omega$(误差 ± 5%)　　　$900 \times 10^{-1} \Omega = 90 \Omega$(误差 ± 0.5%)

(a) 四色环电阻　　　　　(b) 五色环电阻

图 6-2　色环电阻表示法

（3）电阻器的色标位置和倍率关系如表6-1所示。

表6-1 色码的表示意义

颜色	有效数字	乘数	允许偏差/%
银色		10^{-2}	±10
金色		10^{-1}	±5
黑色	0	10^0	
棕色	1	10^1	±1
红色	2	10^2	±2
橙色	3	10^3	
黄色	4	10^4	
绿色	5	10^5	±0.5
蓝色	6	10^6	±0.2
紫色	7	10^7	±0.1
灰色	8	10^8	±0.05
白色	9	10^9	
无色			±20

注：四环法，前两位为有效数字，第三位为乘数，第四位为允许偏差；五环法，前三位为有效数字，第四位为乘数，第五位为允许偏差。

常见的电阻器如图6-3所示。

（a）金属膜电阻器 （b）碳膜电阻器 （c）线绕电阻器 （d）玻璃管器电阻

图6-3 电阻器

（4）电阻器的选用及注意事项。

①优先选用通用型电阻器。如碳膜电阻、金属膜电阻、线绕电阻等，这些电阻器的阻值范围宽，精度种类多，来源充足，价格便宜，有利于生产和维修。

②电阻器的额定功率须满足要求。为保证电阻器正常工作而不被烧坏，必须使它实际工作时所承受的功率不超过其额定功率，通常选用电阻器的额定功率应大于其实际承受功率的两倍以上。

③优先选用噪声电动势小的电阻器。在高增益前置放大电路中，应选用噪声电动势小的电阻器，以减小噪声对有用信号的干扰。

④根据电路工作频率选择电阻器。由于各种电阻器的结构和制造工艺不同，其分布参数也不相同。线绕电阻器的分布电感和分布电容比较大，只适用于频率低于50kHz的电路；碳膜电阻器可用于频率在100MHz左右的电路中工作；金属膜电阻器可以工作在高达数百MHz的高频电路中。

⑤根据电路对温度稳定性的要求选择电阻器。由于电阻器电路中的作用不同，对它们

在稳定性方面的要求也不同。实芯电阻器温度系数较大，不宜用在稳定性要求较高的电路中；碳膜电阻器、金属膜电阻器具有较好的温度特性，适合应用于稳定度较高的场合；线绕电阻器由于采用特殊的合金线绕制，温度系数极小，阻值最为稳定。

⑥根据安装位置选用电阻器。制作电阻器的材料和工艺不同，因此相同功率的电阻器体积不同。例如，相同功率的金属膜电阻器的体积比碳膜电阻器小50%左右，适于安装在比较紧凑的电路中。反之，在元件安装位置较宽松的场合，选用碳膜电阻器就相对经济些。

⑦根据工作环境条件选择电阻器。使用电阻器的环境温度、湿度各不相同，金属膜电阻器或氧化膜电阻器耐受±125℃的温度，适合在高温下长期工作；沉积膜电阻器不宜用于潮湿，易腐蚀的环境等。

2. 电位器

电位器在电路中用"W"加字母数字表示，如：RP2 表示编号为 2 的电位器。电位器是一种连续可调的电阻器。它有 3 个引出端，其中两个为固定端，另一个为滑动端，通过滑动臂的接触刷在电阻体上滑动，使它的输出电位发生变化。常见的电位器如图 6-4 所示。

电位器的参数标注采用直标法或数码法。

例如，数码法：201 表示 $20 \times 10^1 \Omega$（即 200Ω）；直标法："WX10k ±5%"代表线绕型电位器阻值为 $10k\Omega$，误差为 $\pm 5\%$。

（a）线绕电位器　　　　　　（b）金属陶瓷微调电阻　　　　　　（c）合成膜电位器

图 6-4　电位器

电位器的选用及注意事项：

（1）根据电路的要求，选择合适型号的电位器。一般在要求不高的电路中，或使用环境较好的场合，如在室内工作的收录机的音量、音调控制用的电位器，可选用碳膜电位器，它的规格齐全、价格便宜。如果需要较精密的调节，且消耗功率较大，就选用线绕电位器。在工作频率较高的电路中，选用玻璃釉电位器更合适。

（2）根据不同用途，选择相应阻值变化规律的电位器。例如，用于音量控制的电位器应选用指数式，也可用直线式勉强代替，但不适用对数式，否则，将使音量调节范围变窄；用作分压器时，应选用直线式；用作音调控制时，应选用对数式。

（3）根据使用频度选择电位器。经常需要调节的电位器，应选择半圆轴柄的，以便安装旋钮。不需要经常调整的，可选择轴端带有刻槽的，用螺丝刀调整好后不再经常转动。

收音机中的音量控制电位器，一般都选用带开关的电位器。

3. 电容器

电容器在电路中一般用"C"加数字表示（如 C13 表示编号为 13 的电容器）。电容器是由两片金属膜紧靠、中间用绝缘材料隔开而组成的元件。电容器的特性主要是隔直流通交流，作用体现在四个方面即旁路、去耦、滤波和储能。

电容容量的大小就是表示能贮存电能的大小，电容对交流信号的阻碍作用称为容抗，它与交流信号的频率和电容量有关。容抗 $XC = 1/2\pi fc$（f 表示交流信号的频率，c 表示电容容量）

电容的识别方法与电阻的识别方法基本相同，分直标法、色标法和数标法 3 种。电容的基本单位用法拉（F）表示，其他单位还有：毫法（mF）、微法（μF）、纳法（nF）、皮法（pF）。

其中：1 法拉 = 103 毫法 = 106 微法 = 109 纳法 = 1012 皮法；

容量大的电容，其容量值在电容上直接标明，如 10μF/16V；

容量小的电容，其容量值在电容上用字母表示或数字表示：

字母表示法：1m = 1000μF　1p2 = 1.2pF　1n = 1000pF；

数字表示法：一般用三位数字表示容量大小，前两位表示有效数字，第三位数字是倍率。

如：102 表示 $10 \times 10^2 pF = 1000pF$，224 表示 $22 \times 10^4 pF = 0.22\mu F$

电容容量误差表　符号　F　　G　　J　　K　　L　　M

　允许误差　±1%　±2%　±5%　±10%　±15%　±20%

如：一只瓷片电容为 104J 表示容量为 0.1μF，误差为 ±5%。

（1）电容器按不同方法有不同的分类，例如：

①按照结构分三大类：固定电容器、可变电容器和微调电容器。

②按电解质分类：有机介质电容器、无机介质电容器、电解电容器和空气介质电容器等。

③按用途分有：高频旁路、低频旁路、滤波、调谐、高频耦合、低频耦合、小型电容器等。

④按制造材料的不同可分为：瓷介电容、涤纶电容、电解电容、钽电容和聚丙烯电容等。

（2）每种电容器的材料不同，它的适用场合也不同，比如：

①涤纶电容：电容量 40pF ~ 4μF，额定电压：63 ~ 630V，主要特点：小体积，大容量，耐热耐湿，稳定性差，应用：对稳定性和损耗要求不高的低频电路。

②高频瓷介电容：电容量：1 ~ 6800pF，额定电压：63 ~ 500V，主要特点：高频损耗小，稳定性好，应用：高频电路。

③低频瓷介电容：电容量：10pF ~ 4.7μF，额定电压：50 ~ 100V，主要特点：体积小，价廉，损耗大，稳定性差，应用：要求不高的低频电路。

④铝电解电容：电容量：0.47~10000μF，额定电压：6.3~450V，主要特点：体积小，容量大，损耗大，漏电大，应用：电源滤波，低频耦合，去耦，旁路等。

在实验室常见的电容器有电解电容、瓷片电容、涤纶电容、贴片电容等，如图6-5所示。

（a）电解电容　　　　（b）瓷片电容　　　　（c）涤纶电容　　　　（d）贴片电容

图6-5　电位器

（3）电容器的选用及注意事项：

①应根据电路要求选择电容器的类型。

优先选用绝缘电阻大、介质损耗小、漏电流小的电容器。对于要求不高的低频电路和直流电路，一般可选用纸介电容器、低频瓷介电容器。在高频电路中，当电器性能要求较高时，可选用云母电容器、高频瓷介电容器。在要求较高的中频及低频电路中，可选用塑料薄膜电容器。在电源滤波、去耦电路中，一般可选用铝电解电容器。对于要求可靠性高、稳定性高的电路，应选用云母电容器、漆膜电容器或钽电解电容器。对于高压电路，应选用高压瓷介电容器或其他类型的高压电容器。对于调谐电路，应选用可变电容器及微调电容器。

②合理确定电容器的电容量及允许偏差。

在低频的耦合及去耦电路中，一般对电容器的电容量要求不严，只要按计算值选取稍大一些的电容即可。在定时电路、振荡回路及音调控制等电路中，对电容器的电容量要求较为严格，应选取电容器的标称值尽量与计算的电容量相一致，并且选择精度较高的电容器。

③选用电容器的工作电压应符合电路要求。

一般情况下，选用电容器的额定电路应是实际工作电压的1.2~1.3倍。对于工作环境温度较高或稳定性较差的电路，选用电容器应考虑降低其额定电压使用。电容器的额定电压一般是指直流电压，若用于交流电路，应根据电容器的特性及规格来选用；若用于脉动电路，则应按交、直流分量总和不得超过电容器的额定电压来选用。

④应根据电容器的工作环境选择电容器。

在高温条件下使用的电容器应选用工作温度高的电容器；在潮湿环境中工作的电路，应选用抗湿性好的密封电容器；在低温条件下使用的电路，应选用耐寒的电容器。这对电解电容来说尤为重要，因为普通的电解电容在低温条件下会使电解液结冰而失效；电容器的外形有很多种，选用时应根据安装现场实际情况来选择电容器的形状及引脚尺寸。

⑤常见电路电容器的一般选择如下：

调频旁路：陶瓷电容器、云母电容器、玻璃膜电容器及涤纶电容器。

低频旁路：纸介电容器、陶瓷电容器、铝电解电容器及涤纶电容器。

滤波：铝电解电容器、纸介电容器、复合纸介电容器及液体钽电容器。

调谐：陶瓷电容器、云母电容器、玻璃膜电容器及聚苯乙烯电容器。

调频耦合：陶瓷电容器、云母电容器及聚苯乙烯电容器。

低频耦合：纸介电容器、陶瓷电容器、铝电解电容器、涤纶电容器及固体钽电容器。

4. 晶体二极管

晶体二极管在电路中常用"D"加数字表示，如：D5 表示编号为 5 的二极管。常见的晶体二极管如图 6-6 所示。

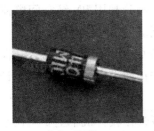  

（a）二极管　　　　　　　（b）发光二极管　　　　　　（c）变容二极管

图 6-6　二极管

（1）二极管的主要特性是单向导电性，也就是在正向电压的作用下，导通电阻很小；而在反向电压作用下导通电阻极大或无穷大。正因为二极管具有上述特性，常把它用在整流、隔离、稳压、极性保护、调频调制和静噪等电路中。

二极管的识别方法很简单，小功率二极管的 N 极（负极），在二极管外表大多采用一种色环标出来，有些二极管也用二极管专用符号来表示 P 极（正极）或 N 极（负极），也有采用符号标志为"P"、"N"来确定二极管极性的。发光二极管的正负极可从引脚长短来识别，长脚为正，短脚为负。

二极管在测试时应注意：用数字式万用表去测二极管时，红表笔接二极管的正极，黑表笔接二极管的负极，此时测得的数值是二极管的正向导通电压（硅管 0.5~0.7V，锗管 0.2~0.3V），这与指针式万用表的表笔接法刚好相反。

（2）根据用途晶体二极管可分为以下 11 类：

①检波用二极管是从输入信号中取出调制信号，以整流电流的大小（100mA）作为界线通常把输出电流小于 100mA 的叫检波。除用于检波外，还能够用于限幅、削波、调制、混频、开关等电路。

②整流用二极管主要用于整流电路，利用二极管的单项导电性，将交流电变为直流电。

③限幅用二极管作为限幅使用，如保护仪表用或高频齐纳管之类的专用限幅二极管。

④调制用二极管是环形调制专用的二极管，也就是正向特性一致性好的四个二极管的

组合件。

⑤混频用二极管，应用于 500～10000Hz 频率范围内的混频电路中，多采用肖特基型和点接触型二极管。

⑥放大用二极管通常是指隧道二极管、体效应二极管和变容二极管。

⑦开关用二极管利用二极管的单向导电性，在电路中起到控制电流通过或关断的作用，成为一个理想的电子开关。开关二极管的正向电阻很小，反向电阻很大，开关速度很快。

常用开关二极管可分为小功率和大功率管形。小功率开关二极管主要使用于电视机、收录机及其他电子设备的开关电路、检波电路、高频高速脉冲整流电路等。大功率开关二极管主要用于各类大功率电源作续流、高频整流、桥式整流及其他开关电路。

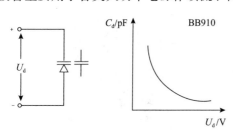

图 6-7 变容二极管

⑧变容二极管利用 PN 结空间电荷具有电容特性的原理制成的特殊二极管。变容二极管是根据普通二极管内部"PN"结的结电容可随外加反向电压的变化而变化的原理专门设计出来的一种特殊二极管。如图 6-7 所示。

变容二极管在收音机中主要用在本振回路改变频率电路上，实现频率由低向高的变化。在工作状态，调制电压加到变容二极管的负极上，使变容二极管的内部结电容容量随调制电压的变化而变化。

⑨频率倍增用二极管称为可变电抗器，它虽然和自动频率控制用的变容二极管的工作原理相同，但电抗器的构造却能承受大功率。

⑩稳压二极管通过二极管的 PN 结反向击穿后使其两端电压变化很小，基本维持一个恒定值来实现的。在电子设备电路中，起稳定电压的作用。

⑪发光二极管的内部结构为一个 PN 结，具有单向导电性。当发光二极管的 PN 结上加上正向电压时，会发光。发光二极管有无色和着色的，着色散射型用 D 表示；白色散射性用 W 表示；无色透明型用 C 表示；着色透明型用 T 表示等。

5. 电感器

电感器在电路中常用"L"加数字表示，如：L6 表示编号为 6 的电感器。常见的电感器如图 6-8 所示。

（1）电感线圈是将绝缘的导线在绝缘的骨架上绕一定的圈数制成。

直流可通过线圈，直流电阻就是导线本身的电阻，压降很小；当交流信号通过线圈时，线圈两端会产生自感电动势，自感电动势的方向与外加电压的方向相反，阻碍交流的通过，所以电感器的特性是通直流阻交流，频率越高，线圈阻抗越大。电感器在电路中可与电容器组成振荡电路。

电感器一般有直标法和色标法，色标法与电阻类似。如：棕、黑、金、金表示 $1\mu H$（误差 5%）的电感器。

电感器的基本单位为亨（H），换算单位有：$1H = 10^3 mH = 10^6 \mu H$。

（2）电感器按不同方法有不同的分类，例如：

①按结构的不同可分为线绕式电感器和非线绕式电感器（多层片状、印刷电感等），还可分为固定式电感器和可调式电感器。

②按工作频率可分为高频电感器、中频电感器和低频电感器。

③按用途可分为振荡电感器、校正电感器、显像管偏转电感器、阻流电感器、滤波电感器、隔离电感器、被偿电感器等。

6. 晶体三极管

晶体三极管在电路中常用"Q"加数字表示，如：Q17 表示编号为 17 的三极管。常见的晶体三极管如图 6-9 所示。

（a）色环电感　　　　（b）空心线圈电感

图 6-8　电感器

图 6-9　晶体三极管

（1）晶体三极管（简称三极管）是内部含有 2 个 PN 结，并且具有放大能力的特殊器件。

三极管主要用于放大电路中起放大作用，在常见电路中有三种接法。为了便于比较，将三极管三种接法电路所具有的特点列于表 6-2。

表 6-2　晶体管三种接法电路性能比较

名称	共发射极电路	共集电极电路（射极输出器）	共基极电路
输入阻抗	中（$10^2 \sim 10^3 \Omega$）	大（$10^4 \Omega$ 以上）	小（几欧~几十欧）
输出阻抗	中（$10^3 \sim 10^4 \Omega$）	小（几欧~几十欧）	大（$10^4 \sim 10^5 \Omega$）
电压放大倍数	大	小（小于并接近于1）	大
电流放大倍数	大（几十）	大（几十）	小（小于并接近于1）
功率放大倍数	大（约 30~40dB）	小（约 10dB）	中（约 15~20dB）
频率特性	高频差	好	好
应用	多级放大器中间级低频放大	输入级、输出级或作阻抗匹配用	高频或宽频带电路恒流源电路

（2）三极管按不同方法有不同的分类，例如：

①按材质不同可分为硅管和锗管。

②按结构不同可分为 NPN 型和 PNP 型，这两种类型的三极管从工作特性上可互相弥补，所谓 OTL 电路中的对管就是由 PNP 型和 NPN 型配对使用。常用的 NPN 型三极管有：

9014、9018、8050 等，PNP 型三极管有：S9012、9015、S8550 等。

7. 场效应管放大器

（1）场效应管具有较高输入阻抗和低噪声等优点，因而也被广泛应用于各种电子设备中。尤其用场效管做整个电子设备的输入级，可以获得一般晶体管很难达到的性能。

场效应管分成结型和绝缘栅型两大类，其控制原理都是一样的。常见场效应管放大器如图 6-10 所示。

图 6-10　场效应管放大器

（2）场效应管与晶体管的比较：

①场效应管是电压控制元件，而晶体管是电流控制元件。在只允许从信号源取较少电流的情况下，应选用场效应管；而在信号电压较低，又允许从信号源取较多电流的条件下，应选用晶体管。

②场效应管是利用多数载流子导电，所以称之为单极型器件，而晶体管是既利用多数载流子，也利用少数载流子导电。被称之为双极型器件。

③有些场效应管的源极和漏极可以互换使用，栅压也可正可负，灵活性比晶体管好。

④场效应管能在很小电流和很低电压的条件下工作，而且它的制造工艺可以很方便地把很多场效应管集成在一块硅片上，因此场效应管在大规模集成电路中得到了广泛的应用。

8. 开关

开关的作用是接通或断开电路，大多数是手动机械式。常用的开关有旋转式、按动式及拨动式三种。

工艺实习中常用的开关如图 6-11 所示，有电源及音量开关（旋转式开关）、轻触开关（按动式开关）及拨动式电源开关。

（a）旋转式开关　　　　　　（b）按动式开关　　　（c）拨动式开关

图 6-11　开关

二、电子元器件检测

正规的元器件检测需要多种通用或专门测试仪器，一般性的技术改造和电子制作，利用万用表等普通仪表对元器件检测，也可满足制作要求。

1. 电阻器检测

用数字表可以方便、准确地检测电阻。

（1）选择相应量程并注意不要两手同时接触表笔金属部分。

（2）测量小阻值电阻时注意减去表笔零位电阻（即在 200Ω 档时表笔短接有零点几欧电阻，是允许误差）。

（3）电阻引线不清洁须进行处理后再测量。

2. 电位器检测

固定端电阻（1、3 端）测量与电阻器测量相同；活动端（1、2 端）性能测量用指针表可方便观察，见图 6-12 及图 6-13。

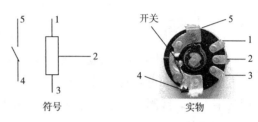

图 6-12 电位器符号与实例

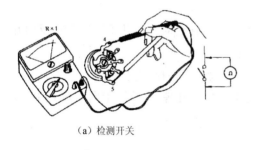

（a）检测开关

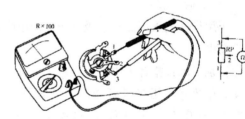

（b）检测固定端

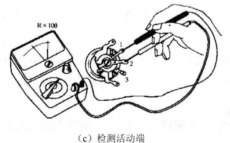

（c）检测活动端

图 6-13 电位器检测

3. 电容器检测（用指针表可方便观察）

（1）小电容（$\leqslant 0.1\mu F$）可测短路、断路、漏电故障。采用测电阻的方法：正常情况下电阻为无穷大，若电阻接近或等于零则电容短路，若为某一数值则电容漏电。

（2）大容量电容（$\geqslant 0.1\mu F$）除可测短路和漏电外，还可估测电容量，电解电容须注意极性。

（3）其检测方法如下：

①先将电容器两端短接放电。

②用表笔接触两端正常情况下表针将发生摆动，容量越大摆动角度越大；且回摆越接近出发点，电容器质量越好（漏电越小），见图6-14。

③利用已知容量电容对比可估测电容量。

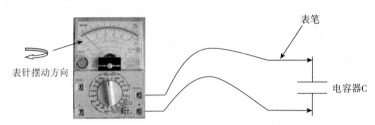

图6-14　用指针表检测电容器

4. 电感器检测（用万用表可测量线圈短路和断路）

方法是测线圈电阻及线圈间绝缘电阻。一般线圈电阻值较小，约几十欧到零点几欧，宜用数字表测。线圈之间绝缘电阻应为无穷大。

5. 二极管检测（用数字表和指针表均可）

1）普通二极管

①用指针表采用测量二极管正反向电阻法，正常二极管正向电阻几千欧以下，反向几百千欧以上。

特别提示：指针表中，黑表笔为内部电池正极，红表笔为内部电池负极。

②用数字表用二极管档，测量的是二极管的电压降，正常二极管正向压降约0.1V（锗管）到0.7V（硅管），反向显示"1———"。

2）发光二极管LED

①用指针表MF368Ω×1档，表笔红负黑正，LED亮，从LI刻度读正向电流，LV刻度读正向电压。

②用数字表DT9236HFE档，LED正负极分别插入NPN的C、E孔（或PNP的E，C），LED发光（注意：由于电流较大，点亮时间不要太长）。

3）变容二极管

采用测量普通二极管方法可测好坏，进一步测试需借助辅助电路。

6. 开关及连接器检测

（1）用测量小电阻的方法可检测开关及连接器好坏和性能，接触电阻越小越好（常用开关及连接器 $Rc<1\Omega$），用数字表较方便。

（2）用高阻档可检测开关及连接器的绝缘性能。

7. 三级管的检测

1）判定基极和管型（NPN型或PNP型）

半导体三极管是具有两个PN结的半导体器件，如图6-15所示，其中（a）为PNP型三极管，（b）为NPN型三极管。

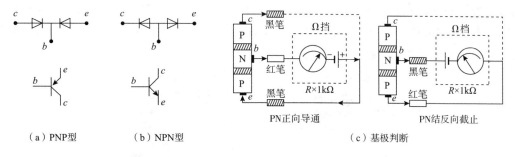

（a）PNP型　　　　（b）NPN型　　　　　　（c）基极判断

图6-15　三极管管型、内部PN结及基极判断

（1）用指针表。用电阻档的 $\Omega \times 100$ 或 $\Omega \times 1k$ 档，以黑表笔（接表内电池正极）接三极管的某一个管脚，再用红表笔（接表内电池负极）分别去接另外两个管脚，直到出现测得的两个电阻值都很小（或者很大），那么黑表笔所接的那一管脚就应是基极。为了进一步确定基极，可再将红黑表笔对调，这时测得的两个电阻值应当与上面的情况刚好相反，即都是很大（或都是很小），这样三极管的基极就确认无误了，参见图6-15（c）。

当黑表笔接基极时，如果红表笔分别接其他两脚，所测得的电阻值都很小，说明这是NPN型三极管。如果电阻都很大，说明这是PNP型三极管。

（2）用数字表。要用二极管档［用电阻档时各管脚电阻均为无穷大（显示"1 ———"）］，方法同上，只是要注意数字表笔接表内电池极性与指针表相反，显示的是PN结的正反向压降。

2）判定发射极和集电极及放大倍数

判定三极管的发射极 E 和集电极 C，通常用放大性能比较法。

（1）一般方法。用指针表找到基极 B 并确定为 NPN（或 PNP）型三极管后，在剩下的两个管脚中可以假定一个为集电极，另一个为发射极；观察放大性能，方法如图6-16所示。将黑表笔接假设的集电极，红表笔接假设的发射极，并在集电极与基极之间加一个 $100k\Omega$ 左右的电阻（通常测量时可用人体电阻代替，即用手指捏住两管脚，下同），观察测得的电阻值。然后对调表笔，并在假设的发射极与基极之间加一个 $100k\Omega$ 的电阻，观察测得电阻值。将两次测得的电阻值作一个比较，电阻值较小的那一次测量，黑表笔所接的是 NPN 型三极管的集电极 C，红表笔所接的是三极管的发射极 E，假设正确。若是 PNP 型三极管，测量方法同上，只是测得的电阻较大的一次为正确的假设。

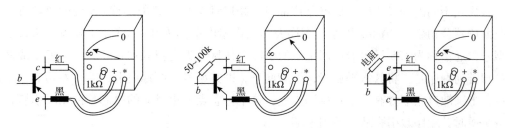

图6-16　发射极和集电极及放大倍数检测（NPN型三极管）

（2）直接测量。对于小功率三极管，也可确定基极及管型（PNP 还是 NPN）后，分

别假定另外两极，直接插入三极管测量孔（指针表、数字表均可，功能开关选 hfe 档），读取放大倍数 hfe 值。E、C 假定正确时放大倍数大（几十至几百），E、C 假定错误时放大倍数小（一般 <20），见图 6-17。

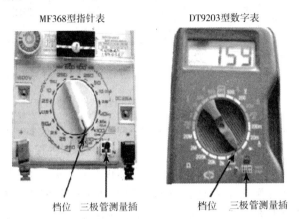

图 6-17 直接测量法（测量三极管放大倍数并判断管脚

第二节 常用集成芯片的识别与引脚排列

一、集成芯片的识别

集成电路（IntegratedCircuit，IC），俗称芯片，是一种采用特殊工艺，将晶体管、电阻、电容等元件集成在硅片上而形成的具有特殊功能的器件。集成芯片能执行一些特定的功能，如放大信号或存储信息。集成芯片体积小、功耗低、稳定性好。集成芯片是衡量一个电子产品是否先进的主要标志。

集成芯片的封装形式有晶体管式封装、扁平封装和直插式封装。集成芯片的管脚排列次序有一定的规律，正确识别引脚排列顺序是很重要的，否则集成芯片无法正确安装、调试与维修，以至于不能正常工作，甚至造成损坏。在使用这些电路时带来了与识别相关的一些问题，产品型号通常由词首〈前缀〉、基号〈基本编号〉和词尾〈后缀〉三部分组成，各代表不同的涵义。以集成电路产品 SN74S138J 为例，其中词首 SN 说明该器件是德克萨斯仪器公司生产的标准电路，74 代表其工作温度范围为 0～70℃，138 就是常说的基本型号，通俗称为 138 译码器，词尾中的 J 代表其封装为陶瓷双列直插式。一般集成芯片的管脚排列顺序是：将其水平放置，引脚向下，即其型号、商标向上，芯片左边有一半圆缺口，半圆缺口正下方有一个定位标志点，这个标志点下边对应的是芯片的第一引脚，然后按照逆时针顺序数引脚从 1 数到末端。

二、集成芯片的检测

1. 集成芯片的基本检测方法：在线检测与脱机检测

在线检测：测量集成芯片各脚的直流电压，与标准值比较，判断集成芯片的好坏。

脱机检测：测量集成芯片各脚的直流电阻，与标准值比较，判断集成芯片的好坏。

2. 在线检测的技巧

在线检测集成芯片各脚的直流电压，为防止表笔在集成芯片各引脚间滑动造成短路，可将万用表的黑表笔与直流电压"地"端固定连接。方法是：在"地"端焊接一段带有绝缘层的铜导线，将铜导线的裸露部分缠绕在黑表棒上，放在电路板的外边，防止与板上的其他地方连接。这样用一只手握住红表棒，找准欲测量集成芯片的引脚，另一只手可扶住电路板，保证测量时表笔不会滑动。

3. 集成芯片的替换检测

当集成芯片整机出现故障时，检测者往往用替换法来进行集成芯片的检测。准确方法是：先在印制板的对应位置上焊接上一个集成芯片插座，在断电情况下用同型号的集成芯片进行替换试验，通电后，若电路工作正常，说明该集成芯片的性能是好的；反之，若电路工作不正常，说明该集成芯片的性能不良或者已损坏。此方法的优点是见效快、准确、实用。但是要注意，若因负载短路的原因，使大电流 I 流过集成芯片造成的损坏，在没有排除故障短路的情况下，用相同型号的集成芯片进行替换试验，其结果是造成集成芯片的又一次损坏。因此，替换试验的前提是必须保证负载不短路。

三、常用 TTL 数字集成芯片引脚图

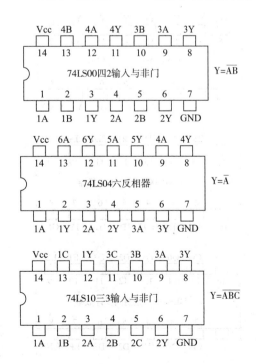

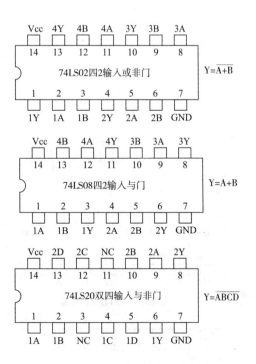

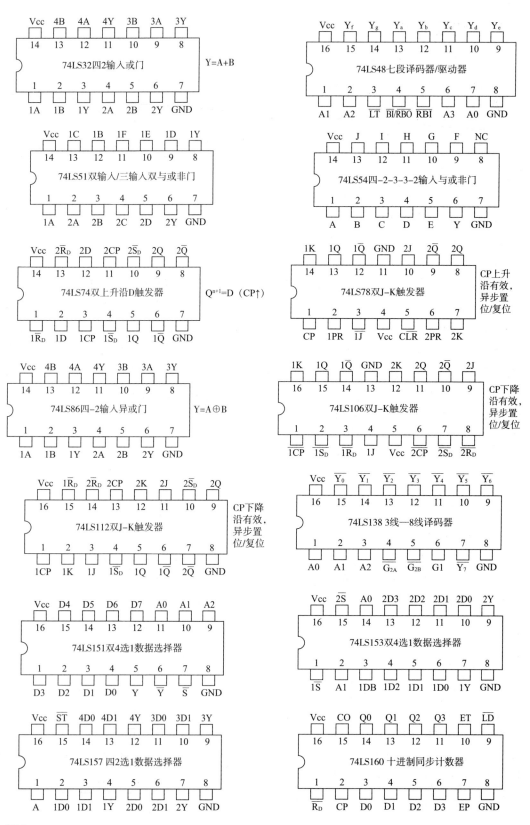

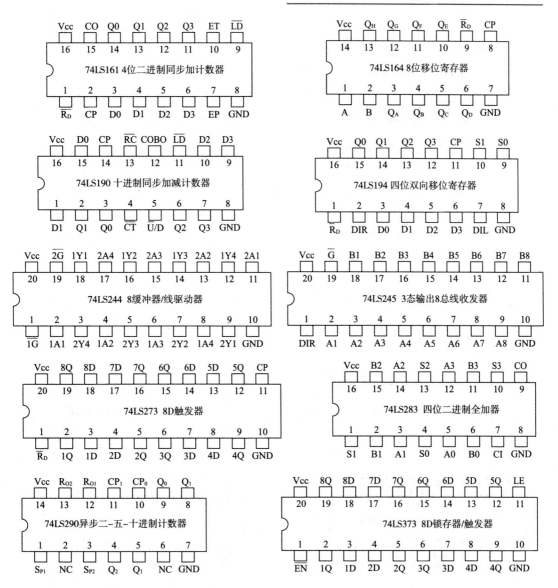

16	15	14	13	12	11	10	9
Vcc	CO	Q0	Q1	Q2	Q3	ET	$\overline{LD}$

74LS161 4位二进制同步加计数器

$\overline{R_D}$	CP	D0	D1	D2	D3	EP	GND
1	2	3	4	5	6	7	8

14	13	12	11	10	9	8
Vcc	Q_H	Q_G	Q_F	Q_E	$\overline{R_D}$	CP

74LS164 8位移位寄存器

A	B	Q_A	Q_B	Q_C	Q_D	GND
1	2	3	4	5	6	7

74LS190 十进制同步加减计数器

74LS194 四位双向移位寄存器

74LS244 8缓冲器/线驱动器

74LS245 3态输出8总线收发器

74LS273 8D触发器

74LS283 四位二进制全加器

74LS290异步二–五–十进制计数器

74LS373 8D锁存器/触发器

四、常用 CMOS 集成芯片引脚图

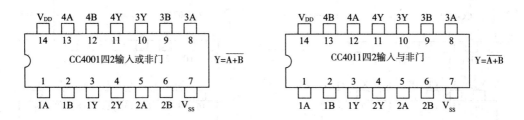

CC4001四2输入或非门　　$Y=\overline{A+B}$

CC4011四2输入与非门　　$Y=\overline{A+B}$

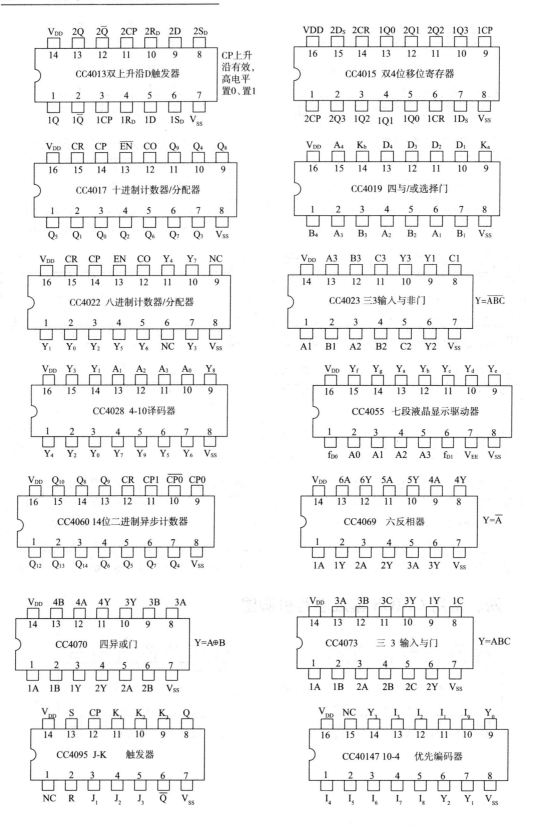

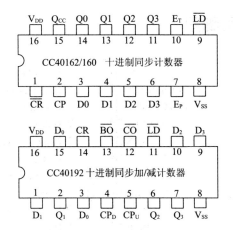

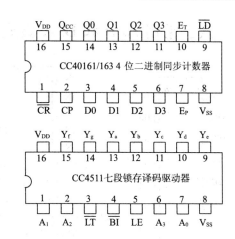

五、常用集成运算放大器引脚图

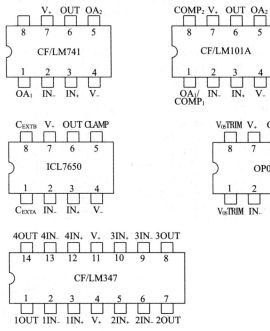

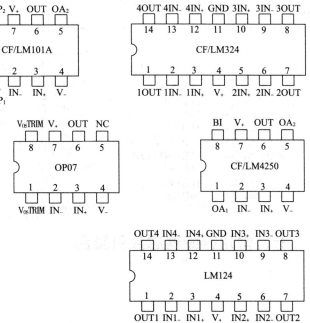

六、常用 A/D 和 D/A 集成芯片引脚图

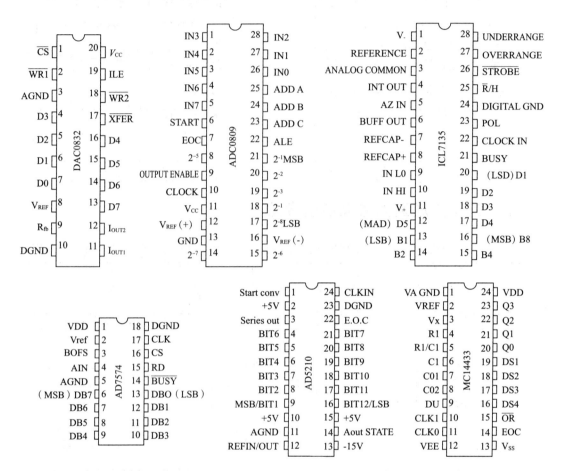

七、常用存储器芯片引脚图

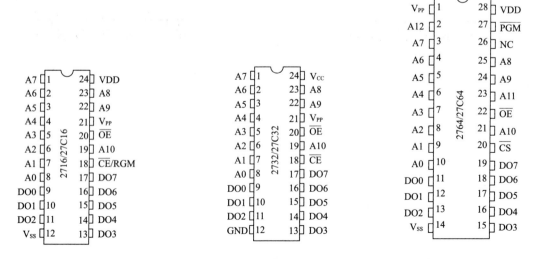

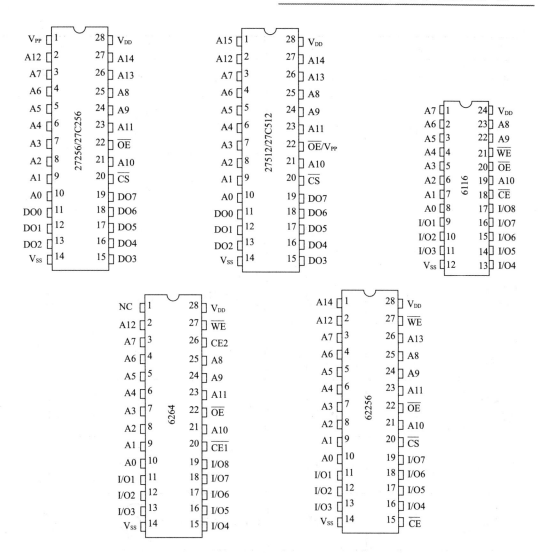

第三节 国内外部分电路图形符号对照表

名称	国标符号	国际符号	名称	国标符号	国际符号
电阻			二极管		
可变电阻（1）			稳压管		
电容			发光二极管		

名称	国标符号	国际符号	名称	国标符号	国际符号
电感			晶闸管		
晶体			变压器		
接电			带铁芯变压器		
电压控制 电压源			交流电压源		
电压控制 电流源			直流电压源		
电流控制 电压源			交流电流源		
电流控制 电流源			直流电流源		
可变电阻（2）			NPN 型三极管		
可变电容			PNP 型三极管		
电解电容			结形（JFET） N 型沟道耗		
可变电感			结形（JFET） P 型沟道耗		
带铁芯电感			绝缘栅 （MOSFET） N 型沟道耗		
电池			绝缘栅 （MOSFET） P 型沟道耗		

名称	国标符号	国际符号	名称	国标符号	国际符号
集成运算放大器			绝缘栅 （MOSFET） N 型沟道增		
熔断器			绝缘栅 （MOSFET） P 型沟道增		
结形 （GaAsJFET） P 型沟道耗			结形 （GaAsJFET） N 型沟道耗		

参考文献

［1］邱关源．电路［M］．5版．北京：高等教育出版社，2006．

［2］许忠仁．电路与电子技术［M］．北京：中国石化出版社，2011．

［3］阎石．数字电子技术基础［M］．5版．北京：高等教育出版社，2005．

［4］何其贵．低频电子线路分析基础［M］．北京：北京理工大学出版社，2015．

［5］樊斌等．实用电子线路基础［M］．苏州：江苏大学出版社，2016．

［6］张晓林．电子线路基础［M］．北京：高等教育出版社，2011．

［7］宋依青．通信电子线路［M］．西安：西安电子科技大学出版社，2016．

［8］严国萍等．通信电子线路［M］．2版．北京：科学出版社，2016．

［9］刘国华．通信电子线路实践教程 – 设计与仿真［M］．北京：电子工业出版社，2015．

［10］许忠仁，穆克．电路与电子技术实验教程［M］．大连：大连理工大学出版社，2007．

［11］钱培怡，邵蓉．电工电子实验［M］．北京：中国人民大学出版社，2012．

［12］李景宏，马学文．电子技术实验教材［M］．沈阳：东北大学出版社，2004．